ARITHMÉTIQUE

PRATIQUE

DES ÉCOLES PRIMAIRES.

ARITHMÉTIQUE

PRATIQUE

DES ÉCOLES PRIMAIRES

CONTENANT

LA DÉFINITION, LA RÈGLE, DES EXEMPLES RAISONNÉS

DE TOUTES LES OPÉRATIONS USUELLES

ET

1,800 PROBLÈMES FACILES

Ayant rapport à tous les usages ordinaires de la vie,

Par BESANÇON-ROBINET,

instituteur.

PARIS,

Chez Ch. Fouraut, libraire, rue Saint-André-des-Arts, 47.

LANGRES,

Chez M. Dallet, libraire.

CHAUMONT,

Chez M. Simonnot-Lansquenet, libraire.

1860.

Les exemplaires voulus par la loi ont été déposés.

Cet ouvrage étant la propriété de l'auteur, tout contrefacteur ou débitant de contrefaçons sera poursuivi selon la rigueur des lois.

RÉPONSES AUX SOLUTIONS

Des 1,800 PROBLÈMES de l'*Arithmétique pratique des écoles primaires*, par le même auteur, 1 vol. broché. Prix 30 c.

A MES CONFRÈRES.

Vous vous demanderez, lorsque vous verrez que je viens de publier une *Arithmétique pratique, destinée aux élèves des écoles primaires,* si j'ai la prétention de vous donner quelque chose de nouveau. A cela je répondrai : Oui. — Voici mes raisons :

Mettez mon livre entre les mains des élèves, aussitôt qu'ils savent lire ; vous pourrez leur donner, chaque jour, pour le lendemain, plusieurs questions à résoudre et les leur faire corriger ensuite au tableau; s'ils savent écrire, après avoir également corrigé et expliqué les problèmes au tableau, ils les mettront au net sur un cahier, avec l'opération et la réponse ; en copiant ces problèmes, ils appprendront en même temps l'orthographe. Enfin, si les élèves sont plus avancés, ils doivent faire, en outre, au-dessous de chaque problème, le raisonnement écrit de l'opération.

Cela, me direz-vous, n'est pas nouveau; mais remarquez :

1° Que sur les *dix-huit cents problèmes* contenus

dans mon livre, *huit cents* peuvent être faits progressivement par les plus jeunes élèves, par ceux qui ne sont pas encore à même d'écrire sous la dictée, qui resteraient inoccupés au sujet du calcul ou auxquels vous seriez obligés de donner quelques exercices que vous feriez vous-mêmes ou que vous rencontreriez sur cinq ou six arithmétiques différentes ; car toutes ne contiennent presque pas de questions usuelles sur . les quatre premières opérations, la chose la plus essentielle du calcul ;

2° Que le grand nombre de problèmes que je vous donne vous dispense d'en dicter aux élèves les plus avancés, ce qui est une grande économie de temps pour la durée de la classe ;

3° Que ces pages de questionnaires, d'exercices insignifiants, etc., qui grossissent les livres et en augmentent le prix, ne se rencontrent pas dans mon livre ; j'ai tâché de rendre tout simple, tout pratique, afin que mon livre puisse être utile, non-seulement aux élèves, mais à toute autre personne ; car je donne la manière d'effectuer toutes les opérations.

Tout cela, joint au prix modique auquel j'ai fixé mon ouvrage, me fait espérer qu'il sera accueilli favorablement, et je serai heureux d'avoir pu rendre facile aux maîtres et aux élèves l'enseignement et l'étude du calcul.

BESANÇON.

ARITHMÉTIQUE

PRATIQUE.

PREMIÈRE PARTIE.

DÉFINITIONS PRÉLIMINAIRES.

1. L'*Arithmétique* est la connaissance des nombres et de toutes les opérations qu'on peut leur faire subir; elle comprend deux parties : la *Numération* et le *Calcul*.

2. Un *nombre* est le résultat que l'on obtient en mesurant une quantité. Ainsi *huit* mètres, *dix* litres, *quinze* grammes, sont des nombres.

3. Il y a trois sortes de nombres :

1° Le nombre *entier*, qui renferme un nombre exact d'unités, comme cinq francs, dix pommes.

2° La *fraction*, qui ne contient que des parties égales de l'unité, comme deux tiers de mètre, trois cinquièmes de litre, cinq dixièmes de gramme.

3° Le nombre *fractionnaire*, qui renferme des unités et des parties égales de l'unité, comme quatre mètres deux tiers, six litres trois dixièmes.

4. Il y a deux sortes de fractions :

1° Les fractions *décimales*, qui sont 10, 100, 1000, etc. , fois plus petites que l'unité, comme cinq dixièmes, quarante centièmes.

2° Les fractions *ordinaires*, qui sont deux, trois, sept, etc., fois plus petites que l'unité, comme un demi, deux tiers, cinq septièmes.

5. Un nombre entier accompagné d'une fraction décimale se nomme *nombre décimal*, et accompagné d'une fraction ordinaire, il se nomme *nombre fractionnaire*.

6. Les nombres sont *abstraits* ou *concrets*.

Un nombre abstrait est celui qui se désigne par le nom de l'unité, comme huit, dix, vingt.

Un nombre concret est celui qui fait connaître le nom de l'unité, comme huit litres, cinq francs.

7. On appelle *grandeur* ou *quantité* tout ce qui peut être mesuré ; ainsi, une règle, un jardin, etc., sont des quantités.

8. *Mesurer* une quantité, c'est chercher combien elle contient une autre quantité de même espèce que l'on nomme *unité*.

9. L'*unité* est une grandeur déterminée qui sert à mesurer toutes les autres grandeurs de même espèce qu'elle. Ainsi, chaque espèce de grandeur doit avoir son unité.

10. Il y a six unités principales :

1° Le *mètre* pour les longueurs ;

2° L'*are* pour la mesure des propriétés ;

3° Le *stère* pour la mesure du bois ;

4° Le *litre* pour la mesure des grains et des liquides;

5° Le *gramme* pour mesurer la pesanteur ;

6° Le *franc* pour la valeur des objets.

NUMÉRATION DES NOMBRES ENTIERS.

11. La numération enseigne à former les nombres, à les énoncer et à les écrire ; elle se compose donc de trois parties : 1° la *formation des nombres* ; 2° la *numération parlée*, et 3° la *numération écrite*.

FORMATION DES NOMBRES.

12. Les nombres se forment en ajoutant successivement l'unité à elle-même ; car un nombre étant le résultat que l'on obtient en mesurant une quantité, il s'ensuit que pour avoir en mètres la longueur d'une chambre, on devra porter le mètre une fois, puis une fois, etc., sur cette longueur, jusqu'à ce que l'on soit arrivé à l'autre extrémité ; de cette manière, on n'a fait qu'ajouter le mètre à lui-même pour avoir un nombre.

NUMÉRATION PARLÉE.

13. La numération parlée a pour but d'énoncer tous les nombres possibles à l'aide d'un petit nombre de mots combinés régulièrement.

14. L'unité, considérée comme nombre, a été nommée *un* ; on a eu ensuite *deux, trois, quatre, cinq, six, sept, huit, neuf, dix.*

15. De la réunion de dix unités, on a formé une *dizaine*, unité de second ordre, et l'on a compté par dizaines comme par unités ; de cette manière on a eu :

Une dizaine, qu'on énonce dix.
Deux dizaines   —   vingt.
Trois dizaines   —   trente.
Quatre dizaines   —   quarante.
Cinq dizaines   —   cinquante.
Six dizaines   —   soixante.
Sept dizaines   —   soixante-dix.
Huit dizaines   —   quatre-vingts.
Neuf dizaines   —   quatre-vingt-dix.
Dix dizaines   —   cent.

16. Si l'on place successivement entre chaque nombre de dizaines les noms des neuf premiers nombres, on aura la suite des nombres jusqu'à cent, que l'on énoncera :

Dix, dix-un, dix-deux, dix-trois, dix-quatre, dix-cinq, dix-six, ou suivant l'usage :
Dix, onze, douze, treize, quatorze, quinze, seize, dix-sept, dix-huit, dix-neuf.
Vingt, vingt-un, vingt-deux,.... vingt-neuf.
Trente, trente-un,............. trente-neuf.
Quarante, quarante-un,........ quarante-neuf.

Cinquante, cinquante-un,... cinquante-neuf.
Soixante, soixante-un,..... soixante-neuf.
Soixante-dix, soixante-onze, soixante-dix neuf.
Quatre-vingts,............ quatre-vingt-neuf.
Quatre-vingt-dix.......... quatre-vingt-dix-neuf.

17. De la réunion de dix dizaines, on a formé une *centaine* ou unité de troisième ordre, et l'on a compté par centaines comme par dizaines et unités, en disant:

Une centaine ou cent.
Deux centaines ou deux cents.
Trois centaines ou trois cents.
Quatre centaines ou quatre cents.
. . . .
Dix centaines ou mille.

18. En plaçant successivement entre chaque nombre de centaines, les noms des quatre-vingt-dix-neuf premiers nombres, on aura la suite des nombres jusqu'à mille, que l'on énoncera :

Cent, cent un, cent deux,........ cent dix, ... cent quatre-vingt-dix-neuf.
Deux cents, deux cent un, deux cent deux,....... deux cent quatre-vingt-dix-neuf.
Trois cents, trois cent un, trois cent deux,........ trois cent quatre-vingt-dix-neuf.
Quatre cents, quatre cent un, quatre cent deux... quatre cent quatre-vingt-dix-neuf.
. . . .
Neuf cents, neuf cent un, neuf cent deux......... neuf cent quatre vingt-dix-neuf.

19. De la réunion de dix centaines on a formé un *mille*, unité du quatrième ordre.

On a considéré mille comme une nouvelle espèce d'unité à laquelle on a donné des dizaines et des centaines, de même qu'aux unités simples, et l'on a eu :

Un mille, deux mille, trois mille, quatre mille,... neuf mille.

Une dizaine de mille ou dix mille, vingt mille,.... quatre-vingt-dix mille.

Une centaine de mille ou cent mille, deux cent mille,....... neuf cent mille.

20. En plaçant successivement entre chaque nombre de mille, de dizaines et de centaines de mille, les noms des neuf cent quatre-vingt-dix-neuf premiers nombres, on a la suite de tous les nombres jusqu'à un million.

21. Dix centaines de mille font un *million*, unité du septième ordre ; les millions sont considérés comme une nouvelle espèce d'unité de même que les mille, et ils ont également leurs unités, leurs dizaines et leurs centaines, que l'on énonce :

Million, dizaines de million, centaines de million.

22. Viennent ensuite et toujours dans le même ordre :

Les *billions*, dizaines de billion, centaines de billions.

Les *trillions*, dizaines de trillions, centaines de trillions, etc.

23. Les ordres des unités simples, des mille, des millions, des billions, des trillions, etc., ayant chacun leurs unités, leurs dizaines et leurs centaines, forment des classes appelées *classes ternaires*.

24. Ce système de numération est appelé décimal, parce que dix unités d'un certain ordre forment une unité de l'ordre supérieur, et réciproquement; chaque unité d'un ordre inférieur est la dixième partie de l'unité immédiatement supérieure.

NUMÉRATION ÉCRITE.

25. La numération écrite nous apprend à représenter tous les nombres possibles au moyen de dix caractères appelés *chiffres*.

26. Pour représenter les neuf premiers nombres, on a employé les chiffres

1, 2, 3, 4, 5, 6, 7, 8, 9,

qui représentent respectivement

un, deux, trois, quatre, cinq, six, sept, huit, neuf.

27. D'après le système de numération, dix unités d'un certain ordre font une unité de l'ordre supérieur, en sorte que l'on ne peut jamais avoir plus de neuf unités de chaque ordre ; on peut donc, comme dans le système de numération parlée, représenter les neuf dizaines, neuf centaines, neuf mille, etc., de chaque nombre, par les mêmes caractères qui ont servi à représenter les neuf premières unités ; il s'agit seulement de les distinguer.

Pour cela, on a donné à chaque chiffre deux valeurs ; la valeur absolue, c'est-à-dire la valeur du chiffre considéré seul, et la valeur relative, c'est-à-dire celle qu'il a par la place qu'il occupe, et l'on est convenu que tout chiffre placé à la gauche d'un autre représenterait des unités dix fois plus grandes que cet autre. Ainsi, si le premier chiffre à droite représente les unités, le second représentera les dizaines, le troisième les centaines, et ainsi de suite.

28. Mais comme dans les nombres tous les ordres d'unités ne sont pas toujours exprimés, on remplace ces ordres manquants par un dixième chiffre, appelé *zéro* 0, qui n'a aucune valeur par lui-même, mais qui sert à conserver aux autres chiffres leur rang et leur valeur.

Ainsi, soixante-quatre, qui se compose de quatre unités et six dizaines, s'écrit : 64.

Le nombre trois cent soixante-sept s'écrit   367
Le nombre quatre cents.................   400
Le nombre trois mille cinq cent quatre... 3,504 etc.

Manière de lire un nombre écrit en chiffres.

29. Pour énoncer un nombre écrit en chiffres, on le partage en tranches de trois chiffres, en commençant par la droite ; la dernière tranche à gauche peut n'avoir qu'un ou deux chiffres ; on reconnaît le nom de chaque tranche, sachant que la première à droite représente toujours la classe ternaire des *unités*, la seconde, celle des *mille*, etc. Ensuite, commençant par la droite, on lit chaque tranche comme si elle était seule, en lui donnant le nom de la classe d'unités qui lui convient.

Soit le nombre 5,476,325.

Je le divise en tranches de trois chiffres, en commençant par la droite ; la première représente les unités simples, la seconde les mille, la troisième les millions ; je lirai donc :

Cinq millions — quatre cent soixante-seize mille — trois cent vingt-cinq.

30. Si l'une ou plusieurs des tranches étaient composées de zéros, on n'en tiendrait aucun compte dans l'énoncé du nombre. Ainsi, 75,000,405,312 s'énonce :

Soixante-quinze billions — quatre cent cinq mille — trois cent douze.

Manière d'écrire en chiffres un nombre dicté.

31. Pour écrire en chiffres un nombre dicté, on écrit d'abord, en commençant par la gauche, les unités de la classe la plus élevée, comme si elle était seule, et successivement les unités des autres classes, en ayant soin de remplacer par des zéros les unités manquantes, et par trois zéros les classes qui ne sont pas énoncées.

Soit à écrire le nombre trois millions cent quinze mille huit cent trente-deux unités ; en commençant par la gauche, j'écris séparément la classe des millions, puis celle des mille et enfin celle des unités simples, ce qui donne :

$$3,115,832.$$

Soit à écrire cinq billions treize millions deux cent quarante ; les centaines de millions ainsi que la classe des mille n'étant pas exprimées, je les remplacerai par des zéros et j'aurai :

$$5,013,000,240.$$

NUMÉRATION DES FRACTIONS DÉCIMALES.

32. L'unité étant le point de départ des nombres, de même que l'on a successivement et indéfiniment des unités dix, cent, mille, dix mille fois plus grandes que l'unité, on a aussi successivement et indéfiniment des parties dix, cent, mille, dix mille, etc., fois plus petites que l'unité ; ainsi, les fractions décimales sont la continuation rétrograde des nombres entiers.

33. Les parties dix fois plus petites que l'unité se nomment dixièmes et l'on a :

Un dixième, deux dixièmes .... *neuf dixièmes.*

34. Un dixième divisé en dix parties égales donne des centièmes, et l'on a :

Un centième, deux centièmes .... *neuf centièmes.*

35. En continuant ainsi, on a les millièmes, les dix-millièmes, les cent millièmes, etc.

36. Pour distinguer les fractions décimales des nombres entiers, on écrit d'abord un zéro, puis, à droite de ce zéro, une virgule ; ensuite dans l'ordre rétrograde les dixièmes, les centièmes, les millièmes, etc. Ainsi trois cent quarante-cinq millièmes s'écrit :

$$0,345.$$

Si l'on a un nombre décimal à écrire, on remplace

le zéro par les unités ; ainsi, trente-cinq unités deux mille sept cent soixante-quatre dix-millièmes s'écrira :

$$35,2764.$$

37. Pour lire une fraction décimale, il faut reconnaître à quel rang appartient le premier chiffre à droite de la fraction, lire cette fraction comme si c'était un nombre entier et ajouter le nom du rang de ce dernier chiffre.

S'il y avait un nombre entier joint à la fraction, on lirait d'abord le nombre entier comme s'il était seul et ensuite la fraction décimale.

38. On écrit les fractions décimales de la même manière que les nombres entiers, ayant soin de remplacer les parties qui ne sont pas exprimées par des zéros.

CHIFFRES ROMAINS.

39. Outre les dix caractères qui servent à représenter tous les nombres, on se sert, dans certains cas, de caractères appelés *chiffres romains ;* ces caractères sont :

I qui représente un, V cinq, X dix, L cinquante, C cent, D cinq cents, M mille.

40. D'après ce système, tout chiffre placé à la droite d'un autre plus grand ou égal augmente d'autant la valeur de ce dernier, tandis que placé à gauche, il la diminue d'autant.

Ainsi :　　II,　III,　IV,　VI,　IX,　XI,
représentent : deux, trois, quatre, six, neuf, onze,
　XIV,　　XV,　XVI,　XIX,　　XL,　　LX,
quatorze, quinze, seize, dix-neuf, quarante, soixante,
　　XC,　　　　CL,　　　　　　CD,
quatre-vingt-dix,　cent cinquante,　quatre cents,
　DC,　　CM.
six cents, neuf cents.

Ces chiffres ne s'emploient jamais dans les calculs.

CALCUL.

41. Le *calcul* nous apprend à composer et à décomposer les nombres, c'est-à-dire à les rendre plus grands ou plus petits ; il renferme quatre opérations qui sont : l'*addition*, la *soustraction*, la *multiplication* et la *division*.

42. L'addition et la multiplication servent à composer les nombres ; la soustraction et la division à les décomposer.

ADDITION.

43. DÉFINITION. L'*addition* est une opération qui a pour but de réunir plusieurs nombres de même espèce en un seul qu'on appelle *somme* ou *total*.

44. RÈGLE. Pour faire l'addition, on écrit les nombres les uns sous les autres, de manière que les unités soient sous les unités, les dizaines sous les dizaines, les centaines sous les centaines, etc.; on tire un trait horizontal sous le dernier nombre, pour le séparer de la somme ; ensuite, en commençant par la droite, on fait la somme de la colonne des unités ; si cette somme ne surpasse pas 9, on l'écrit au-dessous ; si elle surpasse 9, on n'écrit que les unités et on retient les dizaines pour les ajouter à la colonne suivante.

On procède de même pour la colonne des dizaines, pour celle des centaines et ainsi de suite, jusqu'à ce que l'on soit arrivé à la dernière colonne à gauche, au-dessous de laquelle on écrit le résultat tel qu'on le trouve.

Si, dans l'opération, une colonne verticale ne contenait que des zéros, on écrirait au-dessous la retenue de la colonne précédente, ou zéro s'il n'y avait pas de retenue, et l'on passerait immédiatement à la colonne suivante.

45. Exemple. Soit à additionner les nombres 546, 237, 1543 et 55.

J'écris les nombres les uns sous les autres, comme il vient d'être dit, je tire un trait horizontal, puis

$$
\begin{array}{r}
546 \\
237 \\
1543 \\
55 \\
\hline
\text{Total,} \quad 2381
\end{array}
$$

commençant par la droite je dis :

6 et 7 font 13, et 3 font 16, et 5 font 21, j'écris **1** sous la colonne des unités et je retiens les **2** dizaines ; **2** de retenue et 4 font 6, et 3 font 9, et 4 font **13**, et **5** font **18**, j'écris 8 sous la colonne des dizaines et je retiens **1** centaine ; 1 de retenue et 5 font 6, et 2 font 8, et 5 font 13, j'écris 3 et je retiens **1** ; **1** de retenue et 1 font 2, j'écris **2**.

Ce qui me donne, pour la somme des quatre nombres, 2381.

46. On opère de même pour les nombres décimaux et les fractions décimales, en ayant soin de toujours mettre les unités sous les unités, la virgule sous la virgule, les dixièmes sous les dixièmes et ainsi de suite ; on doit mettre, au total, la virgule dans la colonne qu'elle occupe.

47. *Preuve.* On appelle preuve d'une opération, une seconde opération que l'on fait pour vérifier si la première est exacte.

La preuve de l'addition se fait en comptant de bas en haut, si l'on a d'abord compté de haut en bas, ou réciproquement, et l'on doit trouver le même résultat, sans quoi l'opération est mal faite.

48. Pour indiquer que plusieurs nombres doivent être additionnés, on les sépare par le signe $+$ qui s'énonce plus ; ainsi, $12 + 27 + 15$, s'énonce 12 plus 27 plus 15.

SOUSTRACTION.

49. Définition. La *soustraction* est une opération qui a pour but de chercher la différence entre deux nombres de même espèce; le résultat s'appelle, selon les cas, *reste*, *excès* ou *différence*.

50. Règle. Pour faire la soustraction, on écrit le plus petit nombre sous le plus grand, de manière que les unités soient sous les unités, les dizaines sous les dizaines, etc; on tire un trait horizontal sous le plus petit nombre pour le séparer du reste.

Ensuite, commençant par la première colonne à droite, on retranche les unités du plus petit nombre des unités du plus grand, et on écrit le reste au-dessous; on fait de même de la colonne des dizaines, de celle des centaines, et ainsi de suite, jusqu'à la dernière colonne à gauche.

Si le chiffre du plus petit nombre est égal au chiffre correspondant du plus grand nombre, on met un zéro pour reste.

Si le chiffre du plus petit nombre est plus grand que celui qui y correspond dans le nombre supérieur, on augmente par la pensée ce dernier de *dix*, et l'on retient un que l'on ajoute au chiffre inférieur de la colonne suivante.

Si un ou plusieurs des chiffres du plus grand nombre n'ont pas de correspondants au plus petit nombre, on suppose que ces unités manquantes sont des zéros.

En opérant de la sorte, on a la différence des deux nombres, car on retranche successivement du plus grand toutes les parties du plus petit.

51. Exemple. Soit 43654 à retrancher de 1279357.

J'écris les nombres les uns sous les autres, de manière que les unités du même ordre se correspondent; je tire un trait horizontal sous le plus petit, puis commençant par la droite, je dis :

$$
\begin{array}{r}
1279357 \\
43654 \\
\hline
\end{array}
$$

Reste   1235703

4 ôté de 7, il reste 3, j'écris 3 ; 5 ôté de 5, il reste 0, j'écris 0 ; 6 ôté de 13, il reste 7, j'écris 7 et je retiens 1 ; 1 et 3 font 4 ; 4 de 9, il reste 5 ; 4 de 7, il reste 3 ; comme 2 et 1 n'ont pas de chiffres correspondants dans le nombre inférieur, je dis : 0 de 2, il reste 2 ; 0 de 1, il reste 1, ce qui donne pour reste 1235703.

52. La soustraction des nombres décimaux et des fractions décimales se fait de la même manière que celle des nombres entiers, en mettant les unités sous les unités, la virgule au même rang, les dixièmes sous les dixièmes, etc. ; quand les chiffres du plus petit nombre, dans les nombres décimaux ou dans les fractions décimales, n'ont pas de correspondants dans le plus grand nombre, on suppose que les chiffres manquants sont des zéros, et l'on retombe dans l'un des cas expliqués plus haut.

53. PREUVE. Pour faire la preuve de la soustraction, on ajoute le plus petit nombre à la différence, et l'on doit retrouver le plus grand.

54. Pour indiquer la soustraction, on se sert du signe — qui s'énonce moins et qui se place entre les deux nombres ; ainsi 60 — 42, s'énonce 60 moins 42.

MULTIPLICATION.

55. DÉFINITION. La *multiplication* est une opération qui a pour but de répéter un nombre appelé *multiplicande* autant de fois que l'indique un autre nombre appelé *multiplicateur* ; le résultat se nomme *produit*.

56. Le multiplicande et le multiplicateur se nomment *facteurs* du produit.

57. Pour faire une multiplication quelconque, il faut savoir :

1° Multiplier un nombre simple par un nombre simple (*);

(*) On appelle nombre simple celui qui n'a qu'un chiffre, et composé celui qui en a plusieurs.

2° Multiplier un nombre composé par un nombre simple ;

3° Multiplier un nombre quelconque par l'unité suivie d'un ou de plusieurs zéros, c'est-à-dire par 10, 100, 1,000, etc.

58. Pour multiplier un nombre simple par un nombre simple, on se sert de la table de multiplication qui renferme le produit des neuf premiers nombres combinés entre eux.

Soit 5 à multiplier par 9.

Je cherche à la table de multiplication ci-dessous quel est le produit de 5 par 9, ou ce que donnent 9 fois 5, et j'ai pour résultat 45.

Table de multiplication.

2 fois 2 font 4	7 fois 3 font 21	8 fois 5 font 40
3 2 6	8 3 24	9 5 45
4 2 8	9 3 27	6 6 36
5 2 10	4 4 16	7 6 42
6 2 12	5 4 20	8 6 48
7 2 14	6 4 24	9 6 54
8 2 16	7 4 28	7 7 49
9 2 18	8 4 32	8 7 56
3 3 9	9 4 36	9 7 63
4 3 12	5 5 25	8 8 64
5 3 15	6 5 30	9 8 72
6 3 18	7 5 35	9 9 81

59. Pour multiplier un nombre composé par un nombre simple, on écrit d'abord le multiplicande ; on place le multiplicateur au-dessous, comme pour

l'addition ; ensuite on souligne le tout par un trait horizontal ; puis, commençant par la droite, on fait le produit des unités du multiplicande par le chiffre du multiplicateur, comme nous venons de l'indiquer (58) ; si le produit ne surpasse pas 9, on l'écrit tel qu'on le trouve ; s'il surpasse 9, on n'écrit que les unités et on retient les dizaines pour les ajouter au produit suivant ; on fait de même pour le chiffre des dizaines, pour celui des centaines, jusqu'à ce que l'on ait épuisé tous les chiffres du multiplicande, ayant soin, au dernier produit, d'écrire le résultat tel qu'on le trouve.

Soit 2057 à multiplier par 6.

Je dispose les nombres comme ci-dessous, puis, commençant par la droite, je dis :

$$
\begin{array}{r}
2057 \text{ multiplicande.} \\
6 \text{ multiplicateur.} \\
\hline
12342 \text{ produit.}
\end{array}
$$

6 fois 7 font 42, je pose 2 et je retiens 4 ; 6 fois 5 font 30 et 4 de retenue font 34, je pose 4 et je retiens 3 ; 6 fois 0 font 0 et 3 de retenue font 3, je pose 3 ; 6 fois 2 font 12, je pose 12. Le produit des deux nombres est donc 12342.

60. Pour multiplier un nombre entier quelconque par l'unité suivie d'un ou de plusieurs zéros, c'est-à-dire par 10, 100, 1000, etc., on écrit à la droite de ce nombre autant de zéros qu'il y en a à la droite de l'unité.

Soit 437 à multiplier par 100,
j'aurai 43700.

61. Règle. Pour multiplier deux nombres entiers quelconques l'un par l'autre, on écrit le multiplicateur sous le multiplicande, de manière que les unités de même ordre se correspondent et l'on tire au-dessous un trait horizontal.

Ensuite, commençant par la droite, on fait le produit de tout le multiplicande par le chiffre des unités du multiplicateur et on écrit le résultat au-dessous (59).

On multiplie de même tout le multiplicande par le chiffre des dizaines du multiplicateur et on écrit ce second produit sous le premier, ayant soin de placer le premier chiffre que l'on obtient au rang des dizaines.

On fait de même pour les centaines, les mille, etc., jusqu'à ce que l'on ait épuisé tous les chiffres du multiplicateur, observant que l'on doit toujours placer le premier chiffre de chaque produit partiel au même rang que le chiffre du multiplicateur qui sert à le former.

On souligne le tout par un trait horizontal et l'on additionne tous les produits partiels ; le total que l'on trouve est le produit demandé.

S'il y avait un ou plusieurs zéros intercalés entre les chiffres du multiplicateur, on n'en tiendrait aucun compte, seulement il faudrait avoir soin de placer le premier chiffre du produit partiel suivant au même rang que le chiffre du multiplicateur qui sert à le former, sans s'occuper si l'on reporte ce chiffre de 2, 3, 4 rangs à gauche du premier chiffre du produit partiel précédent.

Si le multiplicande ou le multiplicateur, ou même tous les deux sont terminés par des zéros, on fait la multiplication sans s'occuper des zéros ; seulement on écrit à la droite du produit autant de zéros qu'il y en a à la droite des deux facteurs (60).

62. 1er Exemple. Soit 2436 à multiplier par 345 ; je dispose les nombres ainsi qu'il suit :

$$
\begin{array}{ll}
2436 & \text{multiplicande.} \\
345 & \text{multiplicateur.} \\
\hline
12180 & \text{1}^{er}\ \text{produit partiel.} \\
9744 & \text{2}^{e}\ \text{produit partiel.} \\
7308 & \text{3}^{o}\ \text{produit partiel.} \\
\hline
840420 & \textit{produit total.}
\end{array}
$$

Puis commençant par la droite, je multiplie tout le multiplicande par les 5 unités du multiplicateur, ce qui revient à multiplier un nombre composé par un nombre simple (59) et j'ai pour ce premier produit 12180 ;

Je fais ensuite le produit du multiplicande par les 4 dizaines du multiplicateur et je trouve, pour ce deuxième produit 9744 que je place sous le premier, en mettant le premier chiffre à droite au rang des dizaines.

Enfin, je multiplie tout le multiplicande par les 3 centaines du multiplicateur, ce qui me donne pour troisième produit 7308 que j'écris sous le deuxième produit, en plaçant le premier chiffre à droite au rang des centaines.

Je tire un trait horizontal sous ce dernier produit, puis je fais la somme des trois produits partiels (45), ce qui me donne pour le produit total 840420.

63. 2ᵉ EXEMPLE. Soit 467320 à multiplier par 300450.

$$467320$$
$$300450$$
$$233660$$
$$186928$$
$$140196$$
$$140306394000$$

Le multiplicande et le multiplicateur étant terminés par des zéros, je laisse ces zéros à part et je dis : 5 fois 2 font 10, je pose 0 et je retiens 1 ; 5 fois 3 font 15 et 1 de retenue font 16, je pose 6 et je retiens 1 ; 5 fois 7 font 35 et un de retenue font 36, je pose 6 et je retiens 3 ; 5 fois 6 font 30 et 3 font 33, je pose 3 et je retiens 3 ; 5 fois 4 font 20 et 3 font 23, je pose 23.

Je multiplie ensuite le multiplicande par 4, après quoi je trouve deux zéros intercalés au multiplicateur; je laisse ces zéros et je fais de suite le produit du multiplicande par 3, ayant soin de placer le premier chiffre du produit quatre rangs à gauche du premier chiffre du produit partiel précédent, attendu que le multiplicateur 3 est est à quatre rangs à gauche du multiplicateur 4, qui a servi à former ce produit partiel précédent.

Je fais ensuite la somme de mes 3 produits partiels, ce qui me donne 1403063940 ; j'ajoute deux zéros à ce nombre, puisqu'il y en a un à la droite du multiplicande et un à la droite du multiplicateur, et j'ai pour produit total 140306394000.

64. La multiplication des nombres décimaux et des fractions décimales se fait de la même manière que celle des nombres entiers; seulement, on retranche sur la droite du produit autant de chiffres décimaux qu'il y en a dans le multiplicande et dans le multiplicateur tout ensemble.

64 *bis*. On multiplie un nombre décimal par 10, 100, 1000, etc., en reportant la virgule de 1, 2, 3, etc., rangs vers la droite.

65. Preuve. Pour faire la preuve de la multiplication, on multiplie le multiplicateur par le multiplicande, et l'on doit retrouver le même produit.

66. Pour indiquer la multiplication entre des nombres, on les sépare par le signe $\times$ qui s'énonce multiplié par : ainsi, 45×32 s'énonce 45 multiplié par 32.

DIVISION.

67. Définition. La *division* est une opération qui a pour but de chercher combien de fois un nombre appelé *dividende* en contient un autre appelé *diviseur;* le résultat se nomme *quotient*.

68. Pour faire une division quelconque, il faut savoir :

1° La table de multiplication, qui est en même temps table de division, car, par exemple, si 6 fois 8 font 48, on peut dire que 48 contient 8 6 fois ou 6 8 fois.

2° Diviser un nombre de plusieurs chiffres par un nombre d'un seul chiffre.

69. Pour diviser un nombre quelconque par un nombre d'un seul chiffre, on écrit d'abord le dividende et à droite, sur la même ligne, le diviseur ; on les sépare par un trait vertical, on souligne le diviseur par un trait horizontal pour le séparer du quotient, qui s'écrit au-dessous ; puis on détermine combien il doit y avoir de chiffres au quotient, ce qui se fait en séparant sur la gauche du dividende assez de chiffres pour contenir le diviseur ; cette partie séparée doit donner un chiffre au quotient, et successivement chacun des chiffres du dividende à droite de la partie séparée ; on cherche ensuite la valeur de chaque chiffre du quotient au moyen de la table de multiplication (68), en commençant par les unités les plus élevées.

Soit 7944 à diviser par 6.

Je dispose les nombres comme il vient d'être dit, et je dis :

Dividende 7,944	6 Diviseur.	
2ᵉ dividende partiel 1 9	1324 Quotient.	
3ᵉ dividende partiel 14		
4ᵉ dividende partiel 24		
Reste 0		

Le chiffre 7, à gauche du dividende, contenant le diviseur 6, je le sépare, ce qui me fait voir qu'il y aura 4 dividendes partiels et par conséquent 4 chiffres au quotient ; des unités, des dizaines, des centaines et des mille.

Je cherche d'abord dans la partie séparée du dividende, qui est le premier dividende partiel, combien il y a de fois 6 ; je trouve une fois ; le chiffre des mille du quotient est donc 1, je l'écris et je dis : une fois 6 ôté de 7 il reste 1, que j'écris au-dessous ; à côté de 1, je pose le chiffre suivant du dividende, ce qui me donne 19 pour deuxième dividende partiel ; 19 contient 6 3 fois ; le chiffre des centaines du quotient est donc 3, je l'écris à droite du chiffre des mille, puis je dis : 3 fois 6 font 18 ôté de 19 il reste 1, que j'écris au-dessous ; à côté de 1 j'abaisse le chiffre suivant du dividende, ce qui me donne 14 pour troisième dividende partiel ; 14 contient 6 2 fois; le chiffre des dizaines du quotient est donc 2 ; je l'écris à droite du chiffre des centaines, puis je dis : 2 fois 6 font 12 ôté de 14 il reste 2 ; enfin à côté de de 2 j'abaisse le dernier chiffre du dividende, ce qui me donne 24 pour quatrième dividende partiel ; 24 contient 6 4 fois ; le chiffre des unités du quotient est donc 4 ; je l'écris à droite des dizaines, puis je dis : 4 fois 6 font 24, ôté de 24 il reste 0. Ainsi le quotient de 7944 par 6 est 1324.

Règle. Pour faire une division quelconque, on dispose les nombres comme nous l'avons dit (69). On sépare, sur la gauche du dividende, un nombre suffisant de chiffres pour contenir le diviseur ; on cherche combien de fois ce premier dividende partiel contient le diviseur ; on écrit ce chiffre au quotient ; on multiplie le diviseur par ce chiffre et on retranche le produit du premier dividende partiel ; à côté du reste on abaisse le chiffre suivant du dividende et l'on a un nouveau dividende partiel sur lequel on opère comme sur le premier, et l'on continue ainsi de suite jusqu'à ce que l'on ait abaissé tous les chiffres du dividende.

Si un dividende partiel ne contient pas le diviseur, on écrit zéro au quotient et on abaisse, à côté de ce dividende partiel, le chiffre suivant du dividende.

Si un reste est plus grand que le diviseur, c'est que le quotient est trop faible et il faut l'augmenter.

Si le produit du diviseur par un chiffre du quotient est plus grand que le dividende partiel sur lequel on opère, c'est que ce chiffre est trop fort et il faut le diminuer.

Si la division donne un reste et qu'on veuille avoir des décimales au quotient, on écrit un zéro à droite du dernier reste, et on continue l'opération ; le chiffre obtenu au quotient donne les dixièmes ; si on met à côté de ce dernier reste un zéro, on obtiendra ensuite les centièmes, et ainsi de suite ; seulement il faut avoir soin de séparer par une virgule la partie entière du quotient de la partie décimale. Enfin, s'il y a des zéros à la droite du dividende et du diviseur, on peut en supprimer un nombre égal dans chaque nombre sans changer le quotient.

71. Pour savoir, au premier coup-d'œil, combien chaque dividende partiel contient le diviseur, on s'occupe seulement du premier chiffre à gauche du diviseur, comme si on avait à diviser le dividende par ce seul chiffre (69), ayant soin de faire attention aux retenues qui proviendront des autres chiffres du diviseur multipliés par le quotient.

72. Exemple. Soit à diviser 234576 par 543.

Après avoir disposé le dividende et le diviseur comme on l'a indiqué, je compare le diviseur aux chiffres à gauche du dividende et je vois qu'il me faut 4 chiffres pour contenir ce diviseur ; je les sépare du reste du dividende.

$$
\begin{array}{r|l}
2345.76 & 543 \\
173\ 7 & \overline{} \\
10\ 86 & 432 \\
0\ 00 &
\end{array}
$$

Ensuite je dis : 2345 contient 543 ou mieux 23 contient 5 4 fois, j'écris 4 au quotient, et je multiplie le diviseur par ce nombre en disant : 4 fois 3 font 12, ôté de 15, premier chiffre à droite du quotient partiel, il reste 3 et je retiens 1 ; 4 fois 4 font 16 et 1 de retenue font 17, ôté de 24 il reste 7 et je retiens 2 ; 4 fois 5 font 20 et 2 de retenue font 22, ôté de 23 il reste 1 ; je trouve le reste 173 à côté duquel j'abaisse le chiffre suivant du dividende pour former un second dividende partiel 1737.

Je dis ensuite : 1737 contient 543 ou 17 contient

ß 3 fois, et j'opère de même que précédemment jusqu'à ce que j'aie abaissé tous les chiffres du dividende.

73. Remarque. Dans les soustractions que néces-
site la division, on peut augmenter un chiffre de 10,
20, 30, 40, etc., mais alors on retient 1, 2, 3, 4, etc.,
que l'on ajoute au produit ou chiffre inférieur suivant
de la soustraction.

74. Pour faire la division des nombres décimaux
ou des fractions décimales :

1° Si le nombre des chiffres décimaux est le même
dans le dividende et dans le diviseur, on supprime la
virgule dans les deux nombres et l'on divise comme
dans les nombres entiers ;

2° Si le dividende et le diviseur n'ont pas le même
nombre de chiffres décimaux, on ajoute à droite de
celui qui en a le moins assez de zéros pour qu'il en
ait autant que l'autre, et l'on retombe dans le cas
précédent.

74 bis. On divise un nombre entier par 10, 100,
1,000, etc., en séparant 1, 2, 3, etc., chiffres décimaux
sur la droite de ce nombre.

On divise un nombre décimal par 10, 100, 1,000,
etc., en reportant la virgule de 1, 2, 3, etc., rangs
vers la gauche de ce nombre.

75. Preuve. Pour faire la preuve de la division, on
multiplie le quotient par le diviseur ; s'il y a un reste,
on l'ajoute au produit et l'on doit retrouver le dividende.

76. Pour indiquer la division, on place deux points
entre le dividende et le diviseur ou on les sépare par
un trait horizontal ; ainsi, 38 : 7 ou $\frac{38}{7}$ s'énonce **38**
divisé par **7**.

SYSTÈME MÉTRIQUE DÉCIMAL.

77. Le *système métrique* est l'ensemble de toutes les
mesures adoptées par les Français pour évaluer les
quantités.

On l'appelle *métrique*, parce que toutes les mesures sont basées sur le mètre, et décimal, parce que dans la formation des mesures on a adopté le même système que dans la numération des nombres entiers et des nombres décimaux.

78. Le système métrique comprend six espèces de mesures :

1° Les *longueurs*, dont *l'unité est le mètre ;*
2° Les *surfaces*, — *l'are ;*
3° Les *volumes*, — *le stère ;*
4° Les *capacités*, — *le litre ;*
5° Les *pesanteurs*, — *le gramme ;*
6° Les *valeurs*, — *le franc.*

79. Comme il y a des quantités très grandes à mesurer et d'autres très petites, on sent qu'il aurait été impossible de le faire avec les 6 mesures principales seulement ; on a donc fait, suivant le cas, des mesures 10, 100, 1,000, 10,000 fois plus grandes que l'unité, et d'autres 10, 100, 1,000 fois plus petites ; on a également fait des mesures qui sont le double ou la moitié des mesures réelles.

80. Pour désigner les mesures 10, 100, 1,000, 10,000 fois plus grandes que l'unité, et qu'on appelle multiples, on fait précéder le nom de l'unité des mots :

Déca, qui veut dire *dix.*
Hecto, — *cent.*
Kilo, — *mille.*
Myria, — *dix mille.*

81. Pour désigner les mesures 10, 100, 1,000 fois plus petites que l'unité et qu'on appelle sous-multiples on emploie les mots :

Déci, qui veut dire *dixième.*
Centi, — *centième.*
Milli, — *millième.*

82. Ainsi, la différence entre les nombres entiers décimaux et les nombres métriques, c'est que :

1° Les mots :

dizaine, centaine, mille, dizaine de mille,

Sont remplacés par :

Déca,   *hecto,*   *kilo,*   *myria ;*

2°   Dixième, centième, millième,

Par   *Déci,*   *centi,*   *milli.*

83. Le *mètre*, unité fondamentale du système métrique est la dix-millionième partie de la distance du *pôle* à *l'équateur;* cette distance a été évaluée en toises; on a trouvé 5,130,740 toises, que l'on a divisées en 10 millions de parties, et c'est cette dix-millionième partie que l'on appelle *mètre.*

L'*are* est un carré qui a dix mètres de côté.

Le *stère* est un cube qui a 1 mètre de long, 1 mètre de large et 1 mètre de hauteur.

Le *litre* est la contenance de un décimètre cube.

Le *gramme* est le poids de l'eau pure contenue dans un centimètre cube, l'eau étant à son maximum de densité.

Le *franc* est une pièce de monnaie contenant 9 dixièmes d'argent et un dixième de cuivre et pesant 5 grammes.

84. Ainsi, on voit que toutes les mesures, soit directement, soit indirectement, dérivent du *mètre.*

Mesures de longueur.

85. L'unité des mesures de longueur est le *mètre.*
Les multiples du mètre sont :

Le *myriamètre,*
Le *kilomètre,*
L'*hectomètre,*
Le *décamètre.*

Les sous-multiples du mètre sont :

Le *décimètre,*
Le *centimètre,*
Le *millimètre.*

Les mesures *effectives* de longueur sont :

1° Le double-décamètre, 5° Le *mètre,*
2° Le *décamètre,* 6° Le demi-mètre,
3° Le demi-décamètre, 7° Le double-décimètre,
4° Le double-*mètre,* 8° Le *décimètre.*

Mesures de surface.

86. L'unité des mesures de surface est l'*are.*
L'are n'a qu'un multiple : l'*hectare.*
Il n'a qu'un sous-multiple : le *centiare.*
87. Dans certains cas, on considère le *mètre carré* comme l'unité des mesures de surface.
Les multiples du mètre carré sont :

Le *myriamètre carré,*
Le *kilomètre carré,*
L'*hectomètre carré,*
Le *décamètre carré.*

Les sous-multiples du mètre carré sont :

Le *décimètre carré,*
Le *centimètre carré,*
Le *millimètre carré.*

88. Les mesures de surface, en considérant le mètre carré comme unité, sont de 100 en 100 fois plus grandes ou plus petites les unes que les autres ; ainsi, le mètre carré est la centième partie du décamètre carré et vaut 100 décimètres carrés.

Mesures de volume.

89. L'unité des mesures de volume est le *stère.*
Le stère n'a qu'un multiple : le *décastère.*

Il n'a qu'un sous-multiple : le *décistère*.

Les mesures pour le bois cassé sont :

1° Le demi-décastère,
2° Le double-stère,
3° Le *stère*.

90. Quand il s'agit d'autre chose que de la mesure du bois, on se sert du *mètre cube* qui, on le sait, est égal au stère.

Le mètre cube n'a pas de multiples.

Les sous-multiples du mètre cube sont :

Le *décimètre cube*,
Le *centimètre cube*.

Le mètre cube vaut 1,000 décimètres cubes et le décimètre cube 1,000 centimètres cubes.

Mesures de capacité.

91. L'unité des mesures de capacité est le *litre*.

Les multiples du litre sont :

Le *kilolitre*,
L'*hectolitre*,
Le *décalitre*.

Les sous-multiples du litre sont :

Le *décilitre*,
Le *centilitre*.

Les mesures effectives de capacité sont :

1° L'*hectolitre*,
2° Le *demi-hectolitre*,
3° Le *double-décalitre*,
4° Le *décalitre*,
5° Le *demi-décalitre*,
6° Le *double-litre*,
7° Le *litre*.
8° Le *demi-litre*.
9° Le *double-décilitre*,
10° Le *décilitre*,
11° Le *demi-décilitre*,
12° Le *double-centilitre*,
13° Le *centilitre*.

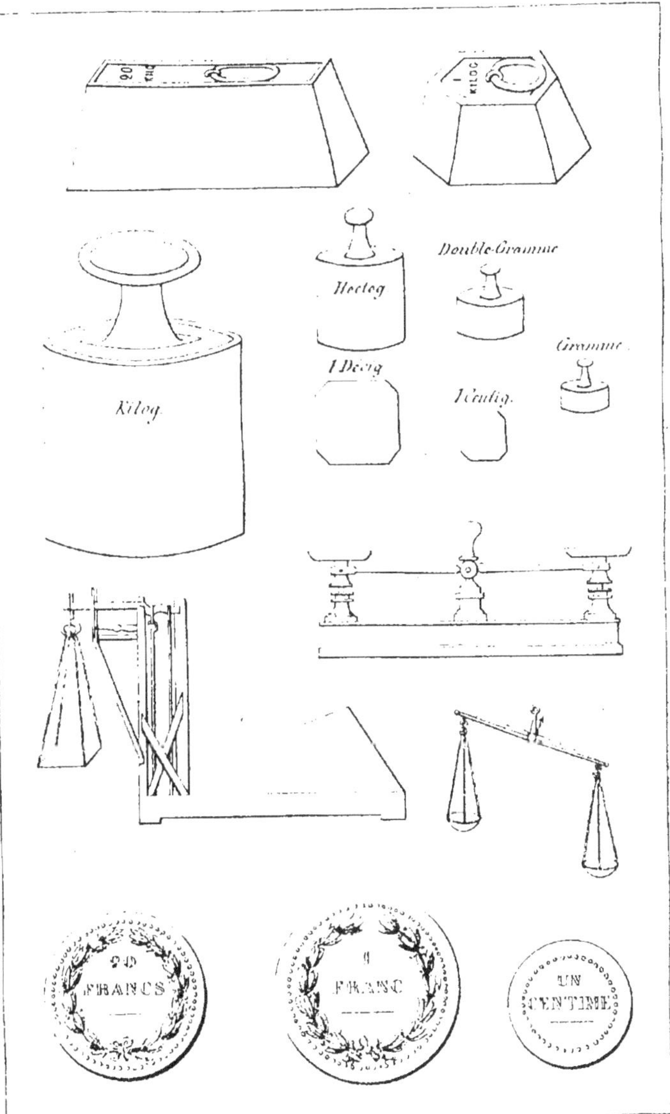
KILOG
KILOG
Double-Gramme
Hectog
Gramme
1 Décag
1'centig.
Kilog.
20 FRANCS
1 FRANC
UN CENTIME

Mesures.

Mètre-carré.
Mètre.
Décilitre.
Litre.
Décalitre.
Décilitre.
Double-Décalitre.
Décalitre.
Décamètre.
Mètre.

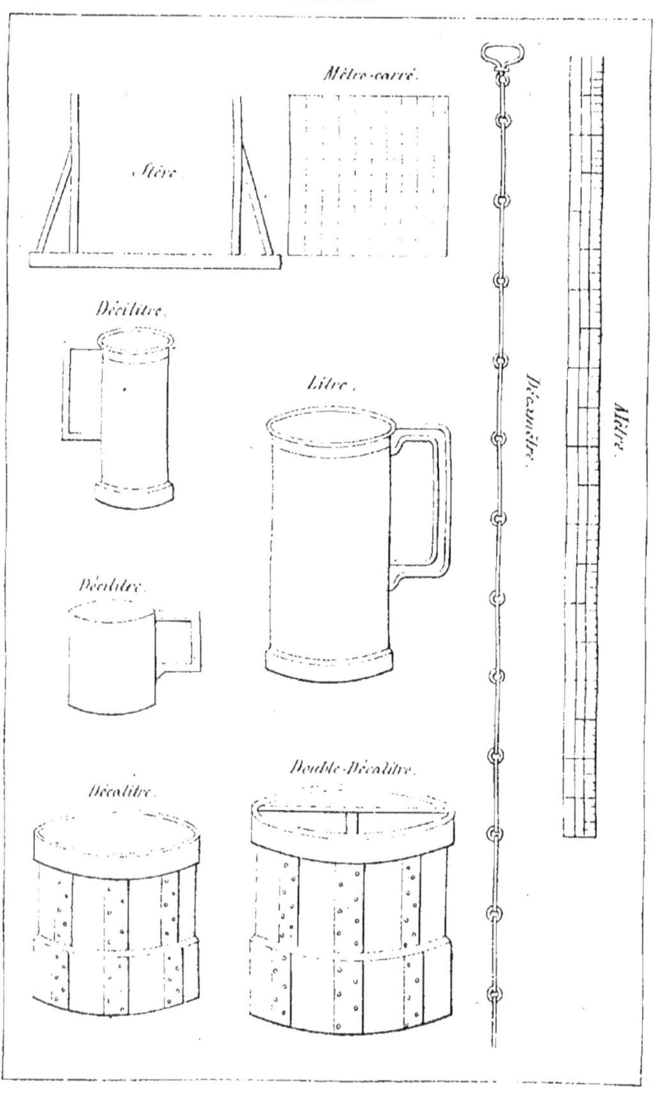

Mesures de pesanteur.

92. L'unité des mesures de pesanteur est le *gramme*.
Les multiples du gramme sont :

Le *myriagramme*,
Le *kilogramme*,
L'*hectogramme*,
Le *décagramme*.

Les sous-multiples du gramme sont :

Le *décigramme*,
Le *centigramme*,
Le *milligramme*.

93. Pour se servir des mesures de pesanteur, appelées *poids*, on emploie les *balances*.
Les poids effectifs sont :

1° 50 *kilogrammes*,	13° *Demi-décagramme*,
2° 20 *kilogrammes*,	14° *Double gramme*,
3° 10 *kilogrammes*,	15° Gramme,
4° 5 *kilogrammes*,	16° *Demi-gramme*,
5° 2 *kilogrammes*,	17° *Double décigramme*,
6° 1 kilogramme,	18° Décigramme,
7° *Demi-kilogramme*,	19° *Demi-décigramme*,
8° *Double hectogramme*,	20° *Double centigramme*,
9° Hectogramme,	21° Centigramme,
10° *Demi-hectogramme*,	22° *Demi-centigramme*,
11° *Double-décagramme*,	23° *Double milligramme*,
12° Décagramme,	24° Milligramme.

94. Le *quintal métrique* vaut 100 kilogrammes, et
le *tonneau de mer* 1,000 kilogrammes.

Monnaies ou valeurs.

95. L'unité des monnaies est le *franc*.
Le franc n'a pas de multiples.
Les sous-multiples du franc sont :

Le *décime*,
Le *centime*.

96. Il y a trois sortes de monnaies : les monnaies d'*or*, d'*argent* et de *bronze*. L'or vaut 15 fois et demie plus que l'argent, et ce dernier vaut 40 fois plus que le bronze. Toutes les monnaies françaises sont composées de 9 dixièmes d'argent ou d'or pur et de 1 dixième de cuivre ; les monnaies de bronze contiennent 95 centièmes de cuivre et 5 centièmes d'alliage.

97. Les monnaies d'or sont :

La pièce de 100 *francs.*
— 50 —
— 20 —
— 10 —
— 5 —

Les pièces d'argent sont :

La pièce de 5 *francs.*
— 2 —
— 1 —
— 50 *centimes.*
— 20 —

Les pièces de bronze sont :

La pièce de 10 *centimes.*
— 5 —
— 2 —
— 1 —

FRACTIONS ORDINAIRES.

98. Si l'on divise l'unité en 2, 3, 4, 5, etc., parties égales et que l'on prenne une ou plusieurs de ces parties, on aura une *fraction ordinaire*.

On appelle donc *fraction ordinaire* une ou plusieurs parties de l'unité, qui a été divisée en un nombre quelconque de parties égales ; ainsi, si l'on divise une pomme en 8 parties égales et que l'on prenne 3 de ces parties, on aura 3 huitièmes de la pomme.

99. On représente une fraction à l'aide de deux nombres écrits l'un sous l'autre et séparés par un trait horizontal ; le nombre supérieur s'appelle *numérateur* et le nombre inférieur *dénominateur*.

100. Le dénominateur indique en combien de parties l'unité est divisée, et le numérateur combien la fraction contient de parties.

101. Pour écrire une fraction ordinaire énoncée, on écrit d'abord le numérateur et au-dessous le dénominateur, en les séparant par un trait horizontal.

Ainsi, les fractions :

Trois huitièmes, sept neuvièmes, cinq sixièmes, etc.,

S'écrivent :

$$\frac{3}{8} \qquad \frac{7}{9} \qquad \frac{5}{6}$$

102. Pour lire une fraction ordinaire écrite, on énonce d'abord le numérateur et ensuite le dénominateur, en ajoutant la terminaison *ième*, excepté pour les dénominateurs **2**, **3** et **4**, qui s'énoncent *demi*, *tiers*, *quart*.

Ainsi, $\frac{4}{7}$ s'énonce *quatre septièmes*,

$\frac{5}{9}$ — *cinq neuvièmes*,

$\frac{2}{3}$ — *deux tiers*.

103. Les fractions ordinaires sont en raison directe de leur numérateur et en raison inverse de leur dénominateur, c'est-à-dire que plus le numérateur est grand, plus la fraction est grande ; plus le dénominateur est grand, plus la fraction est petite.

Ainsi, quand deux fractions ont le même dénominateur, la plus grande est celle qui a le plus grand numérateur, et quand elles ont le même numérateur, la plus grande est celle qui a le plus petit dénominateur.

104. Toute fraction peut être considérée comme le quotient de la division de son numérateur par son dénominateur.

En effet, en divisant une pomme en 5 parties, chaque partie est 1 : 5 ou $\frac{1}{5}$; en divisant 4 pommes en 5 on aura également 4 : 5 ou $\frac{4}{5}$, d'où il suit que quand la division donne un reste, on peut compléter le quotient en y ajoutant une fraction ordinaire dont le numérateur est le reste de la division et le dénominateur le diviseur.

105. Pour rendre une fraction 2, 3, 4, etc., fois plus grande, on multiplie son numérateur ou on divise son dénominateur par 2, 3, 4, etc.

En effet, en multipliant le numérateur par 2, 3, 4, on a 2, 3, 4 fois plus de parties, les parties étant les mêmes, la fraction est 2, 3, 4 fois plus grande; si on divise le dénominateur par 2, 3, 4, l'unité est divisée en 2, 3, 4 fois moins de parties; comme on en prend le même nombre, la fraction est donc 2, 3, 4 fois plus grande.

106. Pour rendre une fraction 2, 3, 4 fois plus petite, on divise le numérateur et on multiplie le dénominateur par 2, 3, 4.

107. Une fraction ne change pas de valeur quand on multiplie ou qu'on divise ses deux termes par un même nombre.

108. Une fraction ordinaire augmente de valeur quand on ajoute la même quantité à ses deux termes, tandis qu'une expression fractionnaire diminue en lui faisant subir la même opération, et réciproquement.

109. Pour réduire un nombre fractionnaire en expression fractionnaire, on multiplie les unités accompagnant la fraction par le dénominateur; on ajoute le numérateur au produit et on donne à cette somme le dénominateur de la fraction.

Ainsi 7 unités $\frac{8}{5}$ donnent $\frac{35}{5}$ pour expression fractionnaire.

110. Pour convertir une expression fractionnaire en nombre fractionnaire, on divise le numérateur par le dénominateur; si la division donne un reste, on

donne à ce reste le dénominateur de l'expression fractionnaire.

Ainsi, $\frac{45}{8}$ donnent 5 unités $\frac{5}{8}$ pour nombre fractionnaire.

Simplification des fractions.

111. Simplifier une fraction, c'est la représenter par une fraction égale, mais dont les termes sont plus petits.

112. Pour simplifier une fraction, on divise le numérateur et le dénominateur par un même nombre (107).

Ainsi, pour simplifier $\frac{6}{8}$, je divise les deux termes par 2, et j'ai $\frac{3}{4}$.

113. Réduire une fraction à sa plus simple expression, c'est diviser ses deux termes par leur *plus grand commun diviseur.*

114. On appelle *commun diviseur* un nombre qu'ien divise exactement plusieurs autres; *plus grand commun diviseur*, le plus grand nombre qui puisse en diviser à la fois deux ou plusieurs autres.

115. Pour trouver le plus grand commun diviseur entre deux nombres, on divise le plus grand nombre par le plus petit; si la division ne donne pas de reste, le plus petit nombre est le plus grand commun diviseur; s'il y a un reste, on divise le plus petit nombre par ce reste; si la division donne un reste, on divise le premier par ce second reste et ainsi de suite, jusqu'à ce que la division se fasse exactement. Le dernier diviseur employé est le plus grand commun diviseur cherché.

Soit à réduire la fraction $\frac{75}{125}$ à sa plus simple expression.

Je cherche le plus grand commun diviseur entre 75 et 125, en disposant l'opération comme ci-dessous, et je trouve 25; je divise 75 et 125 par 25, ce qui réduit la fraction à $\frac{3}{5}$.

	1	1	2
125	75	50	25
50	25	00	

Réduction des fractions au même dénominateur.

116. Pour réduire deux fractions au même dénominateur, on multiplie les deux termes de la première par le dénominateur de la seconde (107) et les deux termes de la seconde par le dénominateur de la première.

Si j'ai $\frac{2}{3}$ et $\frac{4}{5}$ à réduire au même dénominateur,
J'aurai respectivement $\frac{10}{15}$ et $\frac{12}{15}$.

117. Pour réduire un nombre quelconque de fractions au même dénominateur, on fait le produit de tous les dénominateurs; ce produit est le dénominateur commun; on le divise par chaque dénominateur et on multiplie le quotient obtenu par le numérateur de la fraction sur laquelle on opère, ce produit est le numérateur de la fraction.

Soit à réduire les fractions $\frac{1}{2}$, $\frac{2}{3}$, $\frac{3}{4}$, $\frac{5}{6}$ et $\frac{7}{8}$ au même dénominateur.

Pour plus de facilité, on dispose l'opération comme ci-après. :

Produit des dénominateurs,	1152.				
Fractions,	$\frac{1}{2}$	$\frac{2}{3}$	$\frac{3}{4}$	$\frac{5}{6}$	$\frac{7}{8}$
Quotients,	576	384	288	192	144
Produit par chaque numér.,	576	768	864	960	1008
Dénominateur commun,	1152				

ADDITION DES FRACTIONS.

118. Pour additionner les fractions ordinaires, si elles sont réduites au même dénominateur, on fait la

somme des numérateurs et on donne pour dénominateur à cette somme le dénominateur commun ; si elles
ne sont pas réduites au même dénominateur, on les
y réduit d'abord, et on opère de même.

Soit à additionner $\frac{1}{7}$, $\frac{3}{7}$, $\frac{5}{7}$ et $\frac{6}{7}$.

Si j'avais 1 mètre, 3 mètres, 5 mètres et 6 mètres à
additionner, j'aurais 15 mètres ; mais comme ce sont
des septièmes, je dois avoir pour total 15 septièmes
ou $\frac{15}{7}$.

119. S'il y avait des nombres entiers joints aux
fractions, on additionnerait d'abord les fractions, on
extrairait les unités contenues dans ce total (110) et
on les ajouterait aux nombres entiers.

SOUSTRACTION DES FRACTIONS.

120. Pour faire la soustraction des fractions, si
elles sont réduites au même dénominateur, on cherche la différence des numérateurs et on donne pour
dénominateur à cette différence le dénominateur
commun ; si elles ne sont pas réduites au même dénominateur, on les y réduit d'abord et on opère de
même.

Si j'ai, par exemple, $\frac{5}{9}$ à retrancher de $\frac{7}{9}$, j'aurai
pour différence $\frac{2}{9}$.

121. S'il y a des nombres entiers joints aux fractions, on fait d'abord la différence entre les fractions
et ensuite entre les nombres entiers.

Si la fraction du plus petit nombre était plus grande
que celle du plus grand nombre, on augmenterait
cette dernière de son dénominateur, ou d'une unité,
mais on devrait ajouter 1 au chiffre des unités du
nombre inférieur.

S'il n'y avait pas de fraction au plus grand nombre,
on en supposerait une égale à l'unité et de même dénominateur que celle du nombre inférieur ; mais il
faudrait aussi ajouter au 1 chiffre des unités du nom-
ber inférieur.

MULTIPLICATION DES FRACTIONS.

122. La multiplication des fractions présente trois cas :

1.° Multiplier une fraction par un nombre entier.

Pour multiplier une fraction par un nombre entier, on multiplie le numérateur ou on divise le dénominateur par ce nombre (105).

Soit $\frac{3}{8}$ à multiplier par **4**; j'aurai $\frac{12}{8}$ ou $\frac{3}{2}$, fractions égales.

2° Multiplier un nombre entier par une fraction.

On intervertit l'ordre des facteurs et l'on retombe dans le cas précédent.

3° Multiplier une fraction par une fraction.

On multiplie les numérateurs entre eux, ensuite les dénominateurs, et l'on donne au premier produit le second pour dénominateur.

$$\text{Soit } \frac{3}{5} \text{ à multiplier par } \frac{2}{7}; \text{ j'aurai } \frac{3}{5} \times \frac{2}{7} \text{ ou } \frac{6}{35}$$
$$\text{pour produit.}$$

123. S'il y avait des entiers joints aux fractions, on les réduirait en expression fractionnaire et l'on retomberait dans un des cas précédents.

DIVISION DES FRACTIONS.

124. La division des fractions présente 3 cas :

1° Diviser une fraction par un nombre entier.

Pour diviser une fraction par un nombre entier, on divise le numérateur ou on multiplie le dénominateur par ce nombre (106).

$$\text{Soit } \frac{4}{5} \text{ à diviser par } \mathbf{2}; \text{ j'aurai } \frac{2}{5} \text{ ou } \frac{4}{10},$$
$$\text{fractions égales.}$$

2° Diviser un nombre entier par une fraction.

Pour diviser un nombre entier par une fraction, on multiplie le nombre entier par le dénominateur de la fraction et on donne pour dénominateur ou produit le numérateur de la fraction.

Soit 3 à diviser par $\frac{5}{6}$; je multiplie 3 par 6, ce qui donne 18, et je donne 5 pour dénominateur à ce nombre, en sorte que j'ai $\frac{18}{5}$ pour quotient.

3ᵉ Diviser une fraction par une fraction.

Pour diviser une fraction par une fraction, on multiplie la fraction dividende par la fraction diviseur renversée, c'est-à-dire le numérateur de la première par le dénominateur de la seconde, et le dénominateur de la première par le numérateur de la seconde, et on donne, au premier produit, le second pour dénominateur.

Soit $\frac{3}{4}$ à diviser par $\frac{2}{6}$; je multiplie $\frac{3}{4}$ par $\frac{6}{2}$, et j'ai pour quotient $\frac{18}{8}$.

125. S'il y avait des entiers joints aux fractions, on les réduirait en expression fractionnaire, et l'on retomberait dans l'un des cas précédents.

Conversion des fractions.

126. Pour convertir une fraction ordinaire en fraction décimale, on divise le numérateur par le dénominateur, en ajoutant au numérateur les zéros nécessaires pour avoir, suivant les cas, des dixièmes, des centièmes, des millièmes, etc. (70).

Soit $\frac{3}{4}$ à réduire en fraction décimale. Je divise 3 par 4,

$$\begin{array}{c|c} 3,00 & 4 \\ 20 & \overline{\quad 0,75\quad} \\ 0 & \end{array}$$

Et j'ai 0,75.

127. Pour convertir une fraction décimale en fraction ordinaire, on prend la partie à droite de la virgule pour numérateur, et pour dénominateur l'unité suivie d'autant de zéros qu'il y a de chiffres décimaux ; ensuite on réduit cette fraction à sa plus simple expression.

Soit 0,25 à réduire en fraction ordinaire.
J'aurai $\frac{25}{100}$, ou en simplifiant $\frac{1}{4}$.

APPLICATIONS DU CALCUL
AUX DIFFÉRENTS USAGES DE LA VIE.

—

RÈGLE DE TROIS.

128. Définition. La *règle de trois* est ainsi nommée des trois termes connus qu'elle contient, représentés par un ou plusieurs nombres, et qui servent à déterminer un quatrième terme inconnu.

Il y a deux sortes de règles de trois : la règle de trois *simple* et la règle de trois *composée*.

Règle de trois simple.

129. Définition. La règle de trois simple est une opération qui a pour but, à l'aide de trois nombres donnés, d'en trouver un quatrième ayant avec l'un d'eux le même rapport que les deux autres ensemble.

130. On appelle *rapport*, le résultat que l'on obtient en comparant deux nombres.

La différence entre deux nombres est leur rapport *différentiel*, et le quotient de la division de deux nombres est leur rapport *proportionnel*.

Ainsi, on voit qu'il existe deux sortes de rapports; mais, dans la règle de trois, on ne s'occupe que du rapport par quotient ou proportionnel.

131. Pour faire la règle de trois simple, on emploie la méthode dite de l'*unité*, qui consiste à chercher ce que l'on doit avoir pour une unité, et ensuite pour plusieurs.

132. 1er exemple. *12 doubles de blé ont coûté 57 fr.; combien coûteront 17 doubles?*

Raisonnement. Si 12 doubles coûtent 57 fr., 1 double coûtera 12 fois moins ou 57 : 12, ce qui donne 4 fr. 75; 17 doubles coûteront 17 fois plus ou 4 fr. 75 $\times$ 17 = 80 fr. 75.

Pour plus de clarté on dispose ainsi les nombres :

$$12 \text{ doubles} \quad 57 \text{ fr.}$$
$$17 \text{ doubles} \quad x$$

On représente par x le nombre cherché.

On indique l'opération au moyen des signes arithmétiques $\frac{57 \times 17}{12} = 80$ fr. 75.

On fait d'abord la multiplication et ensuite la division.

133. 2ᵉ EXEMPLE. *8 ouvriers ont mis **24** jours pour faire un ouvrage; combien **12** ouvriers mettront-ils de jours?*

$$8 \text{ ouvriers} \quad 24 \text{ jours.}$$
$$12 \text{ ouvriers} \quad x$$

RAISONNEMENT: Si 8 ouvriers sont 24 jours pour faire un ouvrage, 1 ouvrier sera 8 fois plus de temps ou 24×8, et **12** ouvriers seront **12** fois moins de temps ou $\frac{24 \times 8}{12} = 16$ jours.

Règle de trois composée.

134. DÉFINITION. La règle de trois composée est une opération dans laquelle trois termes connus, représentés chacun par plusieurs nombres, servent à déterminer un quatrième terme inconnu ayant avec l'un d'eux le même rapport que les deux autres ensemble.

135. La règle de trois composée se fait de la même manière que la règle de trois simple; elle ne présente pas plus de difficultés, mais elle demande un peu plus d'attention.

136. EXEMPLE. *6 ouvriers ont fait **360** mètres d'ouvrage en **12** jours; combien **13** ouvriers en feront-ils de mètres en **22** jours?*

$$6 \text{ ouvriers} \quad 360 \text{ mètres} \quad 12 \text{ jours.}$$
$$13 \text{ ouvriers} \quad x \quad 22 \text{ jours.}$$

RAISONNEMENT. Si 6 ouvriers ont fait 360 mètres,

1 ouvrier en fera 6 fois moins ou $\frac{360}{6}$; au lieu de travailler 12 jours, s'il ne travaille qu'un jour, il en fera 12 fois moins ou $\frac{360}{6 \times 12}$; 13 ouvriers feront 13 fois plus d'ouvrage qu'un seul ou $\frac{360 \times 13}{6 \times 12}$; en travaillant 22 jours au lieu de 1, ils en feront 22 fois plus ou $\frac{360 \times 13 \times 22}{6 \times 12}$ $= 1430$ mètres.

137. Lorsque toutes les opérations de la règle de trois sont indiquées, on peut souvent beaucoup abréger les calculs, en simplifiant la fraction qui les indique ; ainsi, dans l'exemple ci-dessus, en divisant 36 et 6, l'un au numérateur et au dénominateur, par 6, il reste $\frac{60 \times 13 \times 22}{12}$; en divisant ensuite 60 et 12 par 12, il reste $5 \times 13 \times 22 = 1430$.

RÈGLE D'INTÉRÊT.

138. Définition. La *règle d'intérêt* est une opération qui a pour but de déterminer le bénéfice que rapporte une somme prêtée pendant un certain temps et à certaines conditions.

Le prêteur se nomme *créancier* et celui qui reçoit la somme *débiteur*.

Il y a deux sortes d'intérêts, l'intérêt *simple* et l'intérêt *composé*.

139. Dans toutes les règles d'intérêts, il y a quatre choses à considérer : 1° le *capital*; 2° le *taux*; 3° le *temps*; 4° l'*intérêt*.

Le *capital* est la somme prêtée ;

Le *taux* est ce que rapportent 100 fr. en une année;

Le *temps* est la durée du placement;

L'*intérêt* est le bénéfice rapporté ; on le nomme aussi *rente, arrérages*.

140. Au lieu du *taux*, on prête quelquefois au *denier*.

Le *denier* est la somme qu'il faut placer pendant un an pour avoir 1 fr. d'intérêts.

141. Quoique le but de la règle d'intérêt ne soit réellement que de trouver l'intérêt d'un capital, on

peut se proposer également de trouver ce capital, ou le taux auquel il a été placé, ou le temps pendant lequel il a été placé, ou même de retrouver un capital qui est joint à ses intérêts; mais il est toujours nécessaire, pour trouver l'une ou l'autre de ces quatre choses, de connaître les trois autres.

Intérêt simple.

142. DÉFINITION. L'intérêt simple est le bénéfice que rapporte chaque année un capital; il ne s'ajoute jamais au capital pour rapporter lui-même d'autres intérêts.

La règle d'intérêt n'étant autre chose qu'une règle de trois, il suffit de bien connaître cette dernière pour résoudre une règle d'intérêt quelconque.

143. 1ᵉʳ EXEMPLE. *Quel est l'intérêt de **480** fr. pendant **6** ans, à 5 pour cent par an?*

RAISONNEMENT. Si 100 fr. rapportent 5 fr. par an, 1 fr. rapportera 100 fois moins ou $\frac{5}{100}$; en 6 ans, 1 fr. rapportera 6 fois plus ou $\frac{5\times6}{100}$; 480 fr. rapporteront 480 fois plus ou $\frac{5\times6\times480}{100} = 144$ fr.

2ᵉ EXEMPLE. *Quel est l'intérêt de **860** fr. pendant **5** ans, placés au denier 20?*

RAISONNEMENT. Si 20 fr. rapportent 1 fr. par an, 1 fr. rapportera 20 fois moins ou $\frac{1}{20}$; en 5 ans il rapportera 5 fois plus ou $\frac{1\times5}{20}$, et 860 fr. rapporteront 860 fois plus ou $\frac{1\times5\times860}{20} = 215$ fr.

144. Si l'on effectuait une opération pour trouver chacune des choses de la règle d'intérêt, on verrait que :

1° L'*intérêt* s'obtient en multipliant le capital par le taux multiplié par le temps et en divisant le résultat par 100.

2° Le *capital*, en multipliant l'intérêt par 100 et en divisant le résultat par le produit du taux par le temps.

3° Le *taux*, en multipliant l'intérêt par 100 et en divisant le résultat par le produit du capital par le temps.

4° Le *temps*, en multipliant l'intérêt par 100 et en divisant le résultat par le produit du capital par le taux.

Pour trouver le capital, quand il est joint aux intérêts, on multiplie le tout par 100 et on divise le résultat par 100 augmenté de ses intérêts pendant le temps donné.

145. En faisant les calculs au denier :

1° L'*intérêt* s'obtient en multipliant le capital par le temps et en divisant le résultat par le denier.

2° Le *capital*, en multipliant les intérêts par le denier, et en divisant le résultat par le temps.

3° Le *denier*, en divisant par les intérêts le produit du capital par le temps.

4° Le *temps*, en divisant l'intérêt total par l'intérêt du capital pendant un an.

Pour trouver le capital, quand il est joint aux intérêts, on multiplie le tout par le denier et on divise le résultat par le denier augmenté de ses intérêts pendant le temps donné.

Intérêt composé.

146. DÉFINITION. L'intérêt composé ou *intérêt des intérêts* est celui qui s'ajoute chaque année au capital pour rapporter lui-même intérêt l'année suivante.

La règle d'intérêts composés présente les mêmes cas que la règle d'intérêts simples et il n'y a que le taux qui ne puisse se trouver que par tâtonnements.

147. Pour avoir l'intérêt composé d'une somme pendant un certain nombre d'années, on cherche l'intérêt simple pour une année, on l'ajoute au capital ; on cherche l'intérêt de ce nouveau capital pour l'année suivante, et ainsi de suite, pour chaque année du placement.

1er Exemple. *Quel est l'intérêt composé de **600** fr. pendant **3** ans **6** mois à **5** pour **100** par an ?*

L'intérêt simple de 600 fr. pour un an (144) est 30 fr.; le capital pour la seconde année est donc 630 francs; l'intérêt de 630 fr. est 31 fr. 50, qui, ajoutés au capital, donnent 661 fr. 50 à la fin de la seconde année; l'intérêt de 661 fr. 50 pendant la troisième année est de 33 fr. 075, qui, ajoutés au capital, donnent 694 fr. 75. Il reste à chercher les intérêts de cette somme pendant 6 mois; on trouve 17 fr. 364, en sorte que l'on a 711 fr. 949 pour capital et intérêts composés de 600 fr. pendant **3** ans 6 mois, ou 111 fr. 949 d'intérêts.

148. Pour trouver le capital placé à intérêts composés pendant un certain temps, on cherche les intérêts composés de 100 fr. pendant ce même temps et il ne reste plus qu'une règle de trois simple à résoudre pour avoir le capital demandé.

2o Exemple. — *Quel est le capital qui a rapporté **31** fr. **525** d'intérêts composés pendant **3** ans, à **5** pour **100** par an ?*

L'intérêt composé de 100 francs pendant 3 ans est 15 f. 7625. Je dis : 15 f. 7625 viennent de 100 fr., 1 fr. viendra de 15,7625 fois moins ou $\frac{100}{15,7625}$, 31 f. 525 viendront de 31,525 fois plus ou $\frac{100 \times 31,525}{15,7625} = 200$ fr.

149. Pour trouver le temps pendant lequel une somme a été placée à intérêts composés, on cherche d'abord l'intérêt pour une année, puis pour une seconde année (147), et ainsi de suite, jusqu'à ce que l'on ait trouvé les intérêts rapportés; il peut se faire que le nombre des années ne soit pas exact; alors, dans la dernière opération, on cherche combien il a fallu de mois pour rapporter le reste des intérêts.

3e Exemple. *Pendant combien de temps a-t-on placé **3,000** fr. à **5** pour **100**, pour avoir **514** f. **372** d'intérêts composés ?*

Raisonnement. 3,000 fr. au bout de **1** an donnent

3,150 fr. ou 150 fr. d'intérêts ; 3,150 fr. donnent la seconde année du placement 3,305 fr. 70 ou 305 fr. 70 d'intérêts : 3,305 fr. 70 deviennent 3,470 fr. 85 ou donnent 470 fr. 85 d'intérêts, au bout de la troisième année ; il reste encore 43 fr. 522 d'intérêts qui ont été produits par le dernier capital 3,470 fr. 85 pendant un certain nombre de mois ; la règle d'intérêts simples nous enseigne à trouver ce nombre de mois qui est de 3. Le capital a donc été placé à intérêts composés pendant 3 ans 3 mois.

150. Quand le capital est joint aux intérêts composés, pour trouver ce capital, on multiplie le tout par 100 et on divise le résultat par 100 augmenté de ses intérêts pendant le temps donné.

RÈGLE D'ESCOMPTE.

151. La *règle d'escompte* a pour but de trouver la remise que l'on doit faire à une personne qui paie un billet ou une somme quelconque avant l'échéance du paiement.

Il y a deux sortes d'escompte ; l'escompte légal ou *en dedans*, et l'escompte commercial ou *en dehors*.

Escompte en dedans.

152. Définition. L'escompte en dedans est une opération qui a pour but de déterminer quelle serait la somme qui, augmentée de ses intérêts depuis le moment du paiement jusqu'à son échéance, serait à cette époque égale à la somme escomptée.

153. Exemple. *Quel est l'escompte d'un billet de 330 francs payable dans 2 ans, à 5 pour 100 par an ?*

Raisonnement. 100 fr. rapportent 10 fr. en deux ans, par conséquent 100 fr. payés aujourd'hui deviendront 110 fr. dans deux ans ; donc 110 fr. donnent 10 fr. d'escompte, 1 fr. donnera 110 fois moins ou $\frac{10}{100}$; 330 fr. donneront 330 fois plus ou $\frac{10 \times 330}{110} = 30$ fr.

Ainsi, pour trouver l'escompte d'une somme, on multiplie cette somme par l'escompte de 100 fr. pendant le temps donné et on divise le résultat par 100 plus son escompte.

Escompte en dehors.

154. DÉFINITION. L'escompte en dehors a pour but de chercher l'intérêt de la somme à escompter et c'est cet intérêt que l'on appelle escompte.

Ainsi, la différence entre les deux escomptes, c'est que l'escompte en dedans ne porte que sur la somme versée, tandis que l'escompte en dehors porte sur la somme totale, tant sur ce que l'on verse que sur ce que l'on retient.

EXEMPLE. *Quel est l'escompte en dehors d'un billet de* **330** *fr. payable dans* **2** *ans, à* **5** *pour* **100** *par an ?*

RAISONNEMENT. Si pour 100 fr. on retient 10 fr., pour 1 fr. on retiendra 100 fois moins ou $\frac{10}{100}$ et pour 330 fr. on retiendra 330 fois plus ou $\frac{10 \times 330}{100} = 33$ fr.

155. Les règles d'escompte, soit en dedans, soit en dehors, présentent les mêmes cas que la règle d'intérêts simples, et les résultats s'obtiennent de la même manière.

156. Dans ces opérations, les mois sont comptés de 30 jours et l'année de 360 jours.

Rentes sur l'État, Assurances, Primes.

157. On appelle *rentes sur l'État* l'intérêt que l'on retire d'un capital prêté au gouvernement.

Il y a des *rentes* 4 ½ et 3 pour **100**; mais elles peuvent varier par suite d'un décret du gouvernement.

158. Le *cours de la rente* est la somme qu'il faut verser pour avoir 4 fr. 50 ou **3** fr. de rente.

159. La rente est dite au *pair*, lorsque pour 100 fr. on a 4 fr. 50 de rente.

160. Le cours de la rente varie continuellement, c'est-à-dire qu'il faut une somme plus ou moins forte pour avoir 4 fr. 50 ou 3 fr. de rentes; ce cours est rendu public chaque jour à la Bourse de Paris.

161. On appelle *assurance* la garantie que donne une compagnie sur une maison, des marchandises, des récoltes, etc., dans le cas où elles viendraient à être détruites ou détériorées par diverses causes ou accidents prévus.

162. La redevance payée par l'assuré à la compagnie s'appelle *prime;* elle est à tant pour 100 ou pour 1000 par an.

163. Toutes les opérations relatives aux rentes sur l'Etat et aux assurances sont les mêmes que celles de la règle d'intérêts simples.

RÈGLE DE TROC.

164. Définition. La règle de troc est une opération qui a pour but de trouver combien on aura de marchandises ou d'autres choses d'une certaine espèce pour des marchandises ou des choses d'une autre espèce ou d'un autre prix.

165. Toutes les questions relatives à cette règle peuvent se résoudre au moyen de la multiplication et de la division, ou de la règle de trois.

TITRES ET VALEURS DES MONNAIES ET AUTRES ACTICLES D'OR OU D'ARGENT.

166. On appelle *titre* la quantité de métal fin qui entre dans la composition des monnaies et autres articles d'or ou d'argent.

167. Toutes les monnaies françaises sont au titre de 900 millièmes, c'est-à-dire que sur 1000 parties, il y en a 900 d'or ou d'argent et 100 de cuivre.

168. La loi ne reconnaît que deux titres pour les

ouvrages d'argent : 0,950 et 0,800, et trois titres pour les ouvrages d'or : 0,920, 0,840 et 0,750.

169. L'or pur vaut 3,444 fr. 44 cent. le kilogramme, et l'argent 15 fois et demie moins ou 222 fr. 22 cent.

170. L'or monnayé vaut 3,100 fr. le kilogramme, et l'argent 200 fr.

171. La loi accorde 2 fr. par kilogramme pour la fabrication des monnaies d'argent, et 6 fr. par kilogramme pour la fabrication des monnaies d'or, en sorte que 1 kilogramme d'argent au titre des monnaies, mais non monnayé, ne vaut en réalité que 198 fr., et 1 kilogramme d'or 3,094 fr.

172. Il serait facile, d'après cela, de trouver la valeur d'un kilogramme d'or ou d'argent pur au change des monnaies.

173. EXEMPLE. Un kilogramme d'or au titre des monnaies ne contient que neuf dixièmes d'or pur ; ces neuf dixièmes non monnayés valent 3,094, 1 dixième vaudra 9 fois moins ou $\frac{3094}{9}$, et 1 kilogramme ou 10 dixièmes vaudra 10 fois plus ou $\frac{3094 \times 10}{9} = 3,437$ fr. 78.

174. Les monnaies de bronze valent 40 fois moins que celles d'argent et sont composées de 95 parties de cuivre, 4 parties de zinc et une d'étain.

RÈGLE DE RÉPARTITION PROPORTIONNELLE.

175. DÉFINITION. La règle de *répartition proportionnelle* est une opération qui a pour but de partager un nombre donné en parties proportionnelles à d'autres nombres donnés.

Il y a deux sortes de règles de répartition proportionnelle : la règle de répartition proportionnelle simple et la règle de répartition proportionnelle *composée*.

Répartition proportionnelle simple.

176. DÉFINITION. La règle de répartition proportionnelle simple a pour but de partager un nombre donné en parties proportionnelles à d'autres nombres donnés, sans aucune autre condition.

177. Pour résoudre une règle de répartition proportionnelle simple, on fait la somme des nombres proportionnels ; on divise la somme à partager par ce total et on multiplie le quotient par chacun des nombres proportionnels ; chaque produit donne une des parts demandées.

178. Exemple. *Partager 135 en parties proportionnelles aux nombres 3, 5 et 7.*

Raisonnement. Je fais la somme des nombres 3, 5 et 7 ; je trouve 15 ; je divise 135 par 15, ce qui me donne 9 ; je multiplie 9 successivement par 3, 5 et 7, et j'ai pour les parts respectives 27, 45 et 63.

Répartition proportionnelle composée.

179. Définition. La règle de répartition proportionnelle composée a pour but de partager un nombre donné en parties proportionnelles à d'autres nombres suivant certaines conditions.

180. Pour résoudre une règle de répartition proportionnelle composée, on fait le produit de tous les nombres représentant chaque part, c'est-à-dire qu'on les réduit tous à la même unité ; on fait la somme de tous ces produits et on n'a plus qu'une règle de répartition proportionnelle simple à effectuer.

181. Exemple. *3 ouvriers ont gagné 91 fr. en travaillant ensemble ; le premier a travaillé 8 jours et 7 heures par jour, le second 5 jours et 6 heures par jour, et le troisième 12 jours et 8 heures par jour ; combien revient-il à chacun ?*

Raisonnement. Le premier a travaillé 8 jours et 7 heures par jour ou 56 heures, le second 5 jours et 6 heures par jour ou 30 heures, et le troisième 12 jours et 8 heures par jour ou 96 heures ; la somme des

nombres 56, 30 et 96 égale 182; je divise 91 fr. par
182, ce qui me donne 0 fr. 50 que je multiplie successivement par 56, 30 et 96, et j'ai pour la part du
premier 28 fr., pour celle du second 15 fr,, et pour
celle du troisième 48 fr.

182. Dans les règles de répartitions proportionnelles, soit simples, soit composées, on peut également demander quels sont les nombres proportionnels
quand on connaît les parts et faire diverses combinaisons; mais toutes ces questions sont faciles à résoudre.

RÈGLE DE SOCIÉTÉ.

183. Définition. La règle de *société* est une opération qui a pour but de partager entre plusieurs personnes associées, le bénéfice ou la perte résultant de
leur association.

Il y a deux sortes de règles de société : la règle de
société *simple* et la règle de société *composée*.

RÈGLE DE SOCIÉTÉ SIMPLE.

184. Définition. La règle de société simple a pour
but de partager le bénéfice ou la perte entre les associés proportionnellement à leurs mises ou à leur travail, sans aucune autre condition.

185. Cette règle n'est autre chose que la règle de
répartition proportionnelle simple.

RÈGLE DE SOCIÉTÉ COMPOSÉE.

186. Définition. La règle de société composée a
pour but de partager le bénéfice ou la perte entre les
associés proportionnellement à leurs mises ou à leur
travail, suivant certaines conditions.

187. Cette règle n'est autre chose que la règle de
répartition proportionnelle composée.

RÈGLE DU TEMPS POUR LES PAIEMENTS.

188. Définition. La règle du *temps pour les paie-ments* a principalement pour but 1° de trouver au bout de combien de temps on doit payer le total de plusieurs sommes payables à diverses échéances, et 2° combien on doit différer un paiement pour compenser les avances que l'on a faites.

489. 1° Pour trouver le terme moyen du paiement de plusieurs sommes payables à diverses échéances, on multiplie chaque somme par le temps de son crédit; on fait le total des produits et l'on divise ce total par la somme de tous les paiements; le quotient est le temps du paiement.

190. 1er exemple. *Une personne doit 20 fr. payables dans 4 mois, 40 f. dans 10 mois et 60 f. dans 16 mois; si elle ne fait qu'un seul paiement, à quelle époque devra-t-elle le faire pour qu'il y ait compensation?*

Raisonnement. Je multiplie 20 par 4, j'ai 80; 40 par 10, j'ai 400, et 60 par 16, j'ai 960. La somme de ces trois nombres est 1,440; je la divise par 120 fr., montant des 3 dettes, et je trouve 12 mois pour le temps du paiement.

191. 2e exemple. *Je dois 120 fr. payables dans 12 mois; si je paie 40 fr. au bout de 4 mois, à quelle époque dois-je faire le paiement du reste pour qu'il y ait compensation?*

Raisonnement. Je multiplie la somme due par le temps de son crédit; $120 \times 12 = 1440$; je multiplie ensuite le paiement qui a été fait par le nombre de mois qui y correspond; j'ai 160 que je retranche de 1440, ce qui me donne 1280 que je divise par les 80 fr. restant à payer, et le quotient 16 indique le nombre de mois après lesquels le dernier paiement doit être fait.

192. Ainsi, pour trouver le temps pendant lequel on peut différer un paiement, lorsqu'on a fait des avances, on multiplie la somme due par son crédit;

on multiplie ensuite les avances par les nombres de mois correspondants; on fait la somme de ces derniers produits, on la retranche du premier et on divise le reste par la somme restant à payer; le quotient est le nombre demandé.

RÈGLE DE MÉLANGE OU D'ALLIAGE.

193. Définition. La règle de *mélange* ou *d'alliage* a pour but 1° de trouver la valeur moyenne de plusieurs choses mélangées quand on connaît le nombre et le prix de chacune, et 2° le nombre de choses de chaque espèce que l'on doit prendre pour avoir un mélange à un prix moyen déterminé.

194. Le mot *alliage* s'emploie pour marquer l'union des métaux, et le mot *mélange* dans tous les autres cas.

195. Pour trouver la valeur moyenne de plusieurs choses mélangées, on multiplie le prix de chaque chose par le nombre de ces choses; on fait la somme de tous les produits et on divise cette somme par le nombre total des choses mélangées; le quotient est le prix moyen.

196. 1ᵉʳ EXEMPLE. *Une personne a du vin à 0 fr. 25, 0 fr. 45 et 0 fr. 50 le litre; si elle les mélangeait à parties égales, quel serait le prix d'un litre du mélange?*

RAISONNEMENT. En mélangeant 1 litre de chaque espèce, on a 3 litres, qui coûtent 0 fr. 25 + 0 fr. 45 + 0 fr. 50 ou 1 fr. 20; par conséquent 1 litre coûte $\frac{1^{fr}20}{3} = 0$ fr. 40.

197. 2ᵉ EXEMPLE. *Un cultivateur mélange 8 doubles-décalitres de blé à 4 fr., 10 à 3 fr. 50 et 14 à 3 fr.; quel est le prix d'un double du mélange?*

RAISONNEMENT. 8 doubles-décalitres à 4 fr. font 32 fr., 10 à 3 fr. 50 font 35 fr., et 14 à 3 fr. font 42 fr. Le mélange se compose de 8 + 10 + 14 ou 32 doubles-décalitres qui coûtent 32 fr. + 35 fr. + 42 fr.

ou 109 fr. ; par conséquent 1 double coûte $\frac{109}{82}$ = 3 fr. 40.

198. 2° Pour trouver le nombre de choses de cha-que espèce que l'on doit prendre pour faire un mé-lange dont le prix moyen est déterminé, on fait la différence entre le prix de chaque chose et le prix moyen ; on fait la somme du gain et celle de la perte résultant de cette différence, et on divise la perte par le gain ou le gain par la perte pour savoir récipro-quement ce que l'on doit mettre de chacune des choses sur lesquelles on gagne ou de celles sur les-quelles on perd, tandis qu'on ne met qu'une chose de celles sur lesquelles on perd ou de celles sur les-quelles on gagne.

199. EXEMPLE. *Combien doit-on prendre de vin à 0 fr. 40, 0 fr. 60, 0 fr. 70 et 0 fr. 85 pour faire un mélange qui revienne à 0 fr. 65 le litre?*

Je dispose les nombres comme ci-dessous :

0 f. 40		0 f. 25	
0 f. 60	prix moyen 0 f. 65	0 f. 05	} 0 f. 30 gain.
0 f. 70		0 f. 05	
0 f. 80		0 f. 15	} 0 f. 20 perte.

RAISONNEMENT. Si je prends 1 litre de chaque es-pèce de vin, je gagnerai 0.30 et je perdrai 0.20 ; comme je ne dois rien gagner, il faut que je prenne plus de vin à 0.70 et à 0.80 que des deux autres fa-çons. Je dis : si en prenant 1 litre à 0.40 et à 0.60 je gagne 0.30, autant de fois 0.20 sera contenu dans 0.30, autant on devra prendre de litres à 0.70 et à 0.80, tandis qu'on n'en prendra qu'un de chacune des autres façons, ce qui donne 1 litre 5.

200. Si le mélange devait être d'un nombre de litres quelconque, on partagerait ce nombre proportionnel-lement aux quantités de chaque espèce, qui sont 1, 1, 1.5 et 1.5.

201. Il peut se présenter plusieurs autres cas sur la règle de mélange ou d'alliage, mais tous sont aussi faciles à résoudre que les précédents.

RÈGLE DES MOYENNES.

202. Définition. La règle des moyennes est une opération qui a pour but de chercher un nombre moyen entre plusieurs nombres donnés.

203. Pour trouver un nombre moyen entre plusieurs autres nombres donnés, on fait la somme de ces nombres et on la divise par autant d'unités qu'il y a de nombres; le quotient est le nombre moyen demandé.

204. Exemple. *Un voyageur a fait 36 kilomètres le 1er jour, 32 le 2e, 26 le 3e, 28 le 4e et 18 le 5e; combien a-t-il fait de kilomètres par jour, terme moyen?*

Je fais la somme des nombres 36, 32, 26, 28 et 18, ce qui me donne 140; je divise 140 par le nombre des jours, qui est 5, et j'ai 28 pour la moyenne.

CARRÉS ET RACINES CARRÉES.

205. On appelle *carré* d'un nombre le produit de ce nombre multiplié par lui-même. Ainsi le carré de 6 est 6×6 ou 36.

Pour indiquer qu'un nombre doit être élevé au carré, on place à droite de ce nombre et un peu au-dessus, le chiffre 2; ainsi 23^2 indique que 23 doit être élevé au carré.

206. On appelle racine carrée d'un nombre, un autre nombre qui, multiplié par lui-même, reproduit le nombre donné. Ainsi 5 est la racine carrée de 25.

Pour indiquer qu'on doit extraire la racine carrée d'un nombre, on le place sous le signe $\sqrt{}$. Ainsi $\sqrt{36}$ s'énonce racine carrée de 36.

207. Pour extraire la racine carrée d'un nombre entier, on le partage en tranches de deux chiffres, en commençant par la droite (*la dernière tranche à gauche peut n'avoir qu'un chiffre*); on cherche le plus grand carré contenu dans la première tranche à gauche; on en

extrait la racine que l'on écrit à droite du nombre,
dont on la sépare par un trait vertical ;

On retranche le carré obtenu de la première tranche à gauche ; à droite du reste, on abaisse la tranche suivante dont on sépare le dernier chiffre à droite
par un point ;

On divise la partie à gauche du chiffre séparé par
le double de la racine, et l'on écrit le quotient à droite
du double de la racine ;

On multiplie le nombre ainsi formé par le quotient
obtenu, et on retranche le produit que l'on obtient du
nombre formé par le reste et les deux chiffres que l'on
a abaissés.

Si la soustraction peut s'effectuer et qu'il ne reste
pas un nombre plus grand que le double de la racine
trouvée, le chiffre obtenu est le deuxième chiffre de
la racine, et on l'écrit à droite du premier.

A droite du reste, on abaisse la tranche suivante et
l'on continue l'opération jusqu'à ce que toutes les
tranches aient été abaissées.

Soit à extraire la racine carrée de 182329.

```
18.2 3.2 9 | 427
  2 2.3    |
           | 82
    5 9 2 9|  2
    0 0 0  |
           | 847
           |   7
```

Je divise ce nombre en tranches de 2 chiffres en commençant par la droite, puis je dis : le plus grand
carré contenu dans 18 est 16, dont la racine est 4 ;
j'écris 4 à la droite du nombre ; je retranche 16 de
18, et à côté du reste 2 j'abaisse la tranche suivante
dont je sépare le premier chiffre à droite ; je double
la racine et j'ai 8 ; 22 contient 8 2 fois, j'écris 2 à côté
de 8, puis je dis : 2 fois 2 font 4 ôté de 13 il reste 9,
2 fois 8 font 16 et 1 de retenue font 17, ôté de 22 il
reste 5.

La soustraction pouvant s'effectuer et le reste étant

moindre que le double de 42, racine obtenue, je pose 2 à côté du premier chiffre de la racine et je continue l'opération de la même manière.

208. Si un reste, avec la tranche abaissée, moins le chiffre séparé à droite, ne contenait pas le double de la racine, on écrirait zéro à la racine, on abaisserait la tranche suivante et l'on continuerait l'opération.

209. Si la dernière soustraction donne un reste et qu'on désire avoir des décimales à la racine, il faut écrire à la droite de ce reste 2 zéros pour avoir des dizièmes, ensuite 2 pour avoir des centièmes, etc.

210. Pour extraire la racine carrée d'un nombre décimal, on rend pair le nombre des chiffres décimaux, s'il ne l'est pas, en écrivant un zéro à droite, et l'on opère comme ci-dessus.

211. Pour faire la preuve de la racine carrée, on multiplie la racine par elle-même; s'il y a un reste, on l'ajoute au produit et l'on doit retrouver le nombre donné.

CUBES ET RACINES CUBIQUES.

212. On appelle *cube* d'un nombre, le produit de ce nombre multiplié deux fois par lui-même. Ainsi, le cube de 6 est $6 \times 6 \times 6$ ou 216.

Pour indiquer qu'un nombre doit être élevé au cube, on place à droite de ce nombre et un peu au-dessus, le chiffre 3; ainsi 34^3 indique que 34 doit être élevé au cube.

213. On appelle racine cubique d'un nombre, un autre nombre qui, multiplié 2 fois par lui-même, reproduit le nombre donné. Ainsi 5 est la racine cubique de 125.

Pour indiquer qu'on doit extraire la racine cubique d'un nombre, on le place sous le signe $\sqrt[3]{}$; ainsi $\sqrt[3]{125}$ s'énonce racine cubique de 125.

214. Pour extraire la racine cubique d'un nombre entier, on partage ce nombre en tranches de 3 chif-

fres en commençant par la droite (*la dernière tranche à gauche peut n'avoir qu'un ou deux chiffres*);

On cherche, au moyen d'une table contenant le cube des 9 premiers nombres, quel est le plus grand cube contenu dans la première tranche à gauche ; on écrit la racine de ce cube à droite du nombre donné, en les séparant par un trait vertical.

On retranche le cube trouvé de la première tranche à gauche, et à côté du reste on abaisse la tranche suivante, dont on sépare les deux premiers chiffres à droite par un point ; on divise la partie à gauche des chiffres séparés par le triple carré de la racine trouvée, et on place le quotient que l'on obtient à la droite du premier chiffre de la racine ;

On fait le cube des deux chiffres de la racine et on le retranche des deux tranches à gauche ;

Si la soustraction peut s'effectuer et que le reste ne soit pas plus grand que le triple carré de la racine, plus 3 fois cette racine, le second chiffre obtenu est exact ;

A côté du reste, on abaisse la tranche suivante et on continue l'opération jusqu'à ce que toutes les tranches aient été abaissées ;

Si un reste, avec la tranche abaissée, moins les deux chiffres séparés à droite, ne contenait pas le triple carré de la racine, on écrirait zéro à la racine, on abaisserait la tranche suivante et l'on continuerait l'opération.

Soit à extraire la racine cubique de 77854483.

	77.854.483	427	racine cubique.
Cube de 4,	64	48	triple carré de 4
	138.54	5292	triple carré de 42
1re et 2e tranches,	77.854		
Cube de 42,	74 088		
	3 7664.83		
1re, 2e, 3e tranches,	77.854.483		
Cube de 427,	77.854.483		
	00.000.000		

215. Si la dernière soustraction donne un reste et que l'on désire avoir des décimales à la racine, il faut écrire à droite de ce reste 3 zéros pour avoir des dixièmes, ensuite 3 pour avoir des centièmes, etc., et en écrire le même nombre à droite du nombre dont on extrait la racine.

216. Pour extraire la racine cubique d'un nombre décimal, on écrit sur sa droite un ou deux zéros, si cela est nécessaire, pour que le nombre des chiffres décimaux soit 3, 6, 9, etc., et l'on opère comme ci-dessus.

217. Pour faire la preuve de la racine cubique, on multiplie deux fois la racine par elle-même; s'il y a un reste, on l'ajoute au produit, et l'on doit retrouver le nombre donné.

RÈGLE DE FAUSSE POSITION.

DÉFINITION. La règle de fausse position est une opération qui a pour but de trouver la solution d'un problème en opérant sur des nombres supposés.

Il y a deux sortes de règles de fausse position : la règle de fausse position simple et la règle de fausse position composée.

Fausse position simple.

DÉFINITION. La règle de fausse position simple a pour but de trouver la solution d'une question en opérant sur un seul nombre supposé.

220. Pour faire la règle de fausse position simple, on fait deux suppositions, on les compare aux conditions demandées, et avec la différence du résultat de chacune, on détermine, au moyen de la règle de trois, le nombre demandé.

221. EXEMPLE. *Une personne veut acheter une montre ; en donnant un certain nombre de fois 5 fr., il lui manquerait 10 fr.*

pour la payer, et en donnant le même nombre de fois 7 fr., on serait obligé de lui rendre 20 fr. Quel est le prix de la montre?

RAISONNEMENT. Je suppose que le nombre de fois que je donne 5 fr. soit 6, je donnerai d'une part 30 fr. et de l'autre 42, dont la différence est **12**; mais d'après l'énoncé du problème, la différence entre le produit du nombre cherché par **5** et par **7** doit être de **10 + 20** ou **30**; par conséquent, ma supposition ne répond pas à la question. Je suppose 1 de plus et j'ai $7 \times 5 = 35$ et $7 \times 7 = 49$, dont la différence est **14**. A la première supposition, il manquait **30 — 12** à la différence, ou **18**; à la seconde, il manque **16**, c'est-à-dire 2 de moins. Puisque pour 1 fois la différence diminue de 2, autant de fois 2 sera contenu dans **30**, autant on devra donner de fois 5 fr. et 7 fr. pour réduire cette différence égale à **30**. On trouve 15 fois; $15 \times 5 = 75 + 10 = 85$; $15 \times 7 = 105 - 20 = 85$. Le prix de la montre est de **85** fr.

Fausse position double,

222. DÉFINITION. La règle de fausse position double a pour but de trouver la solution d'une question en opérant sur deux nombres supposés qui répondent eux-mêmes à l'une des conditions demandées.

223. Pour résoudre une règle de fausse position double, on opère de même que pour la règle de fausse position simple.

224. EXEMPLE. *Un maître donne 5 centimes à un élève chaque fois qu'il récite bien sa leçon : il en reçoit, au contraire, 3 centimes quand la leçon n'est pas sue : après 33 leçons, il se trouve que l'élève a 93 centimes. Combien y a-t-il eu de leçons bien récitées et non sues ?*

RAISONNEMENT. Je suppose 18 leçons sues et 15 non sues; ces deux nombres donnent déjà 33 leçons, une des conditions demandées; il reste à savoir s'ils remplissent l'autre condition. $18 \times 5 = 90$ et $15 \times 3 =$

45, dont la différence est 45. De cette manière, l'élève n'aurait eu que 45 centimes au lieu de 93 ; il faut donc augmenter le nombre des leçons bien récitées et diminuer d'autant le nombre des autres, afin d'avoir toujours 33 leçons. En augmentant de 1 le nombre des leçons récitées et en diminuant de 1 les autres, la somme augmente de 5 — 3 = 2 centimes ; comme il faut qu'elle augmente de 93 — 45 ou 48 centimes, autant de fois 2 sera contenu dans 48, autant il y aura de leçons sues. On trouve 24, et pour leçons non sues, 33 — 24 = 9

MESURE DES SURFACES.

225. On appelle *surface* ou *superficie* une grandeur qui a deux dimensions, longueur et largeur.

226. Toute *surface plane* est limitée par des lignes.

227. Il y a trois sortes de lignes : la ligne *droite*, la ligne *courbe* et la ligne *brisée*.

228. La ligne *droite* est le plus court chemin d'un point à un autre (pl. II, fig. 1).

229. La ligne *courbe* est une ligne qui n'est ni droite, ni composée de lignes droites (fig. 2).

230. La ligne *brisée* est celle qui n'est ni droite, ni courbe (fig. 3).

231. La ligne *horizontale* est celle qui suit le niveau de l'eau tranquille (fig. 1).

232. La ligne *verticale* est celle qui suit la direction du fil-à-plomb (fig. 4).

233. On appelle *parallèles*, des lignes qui sont toujours à égale distance, quelque loin qu'on les prolonge (fig. 5).

234. On appelle *angle*, l'espace indéfini compris entre deux lignes qui se coupent (fig. 6).

235. On appelle *perpendiculaire*, une ligne qui tombe sur une autre de manière à former deux angles égaux (fig. 7).

236. On appelle *angle droit*, l'angle formé par la

rencontre de deux perpendiculaires (fig. 8). L'angle *aigu* est plus petit que l'angle droit (fig. 6) et l'angle *obtu* est plus grand (fig. 9).

237. On appelle *oblique*, une ligne qui ne tombe pas perpendiculairement sur une autre (fig. 10).

238. On appelle *circonférence* une ligne dont tous les points sont à égale distance d'un point intérieur nommé *centre* (fig. 11).

239. Le *rayon* est la distance du centre à la circonférence; le *diamètre* est une ligne qui joint les deux extrémités de la circonférence en passant par son centre ; il est le double du rayon (fig. 11).

240. On appelle *carré*, la surface renfermée par quatre lignes droites égales formant quatre angles droits (fig. 12).

241. On appelle *rectangle*, une surface dont les côtés sont égaux deux à deux et forment quatre angles droits (fig. 13).

242. Le *parallélogramme* est une surface dont les côtés sont égaux et parallèles deux à deux (fig. 14).

243. Le *losange* est une surface dont les quatre côtés sont égaux (fig. 15).

244. Le *trapèze* est une surface de quatre côtés, dont deux seulement sont parallèles (fig. 16).

245. On appelle *triangle*, une surface renfermée par trois côtés (fig. 17).

Lorsque le triangle a un angle droit, on l'appelle triangle *rectangle* (fig. 18).

246. On appelle *cercle*, la surface renfermée par la circonférence (fig. 11).

246 *bis*. On appelle *ellipse*, une surface renfermée par quatre arcs de cercles raccordés et égaux deux à deux; on appelle *axes*, les deux diamètres de l'ellipse (fig. 19).

Lorsque, des quatre arcs de cercles formant l'ellipse, deux seulement sont égaux, la surface est dite *ovale* (fig. 20).

247. Enfin, on appelle *polygone*, une surface renfer-

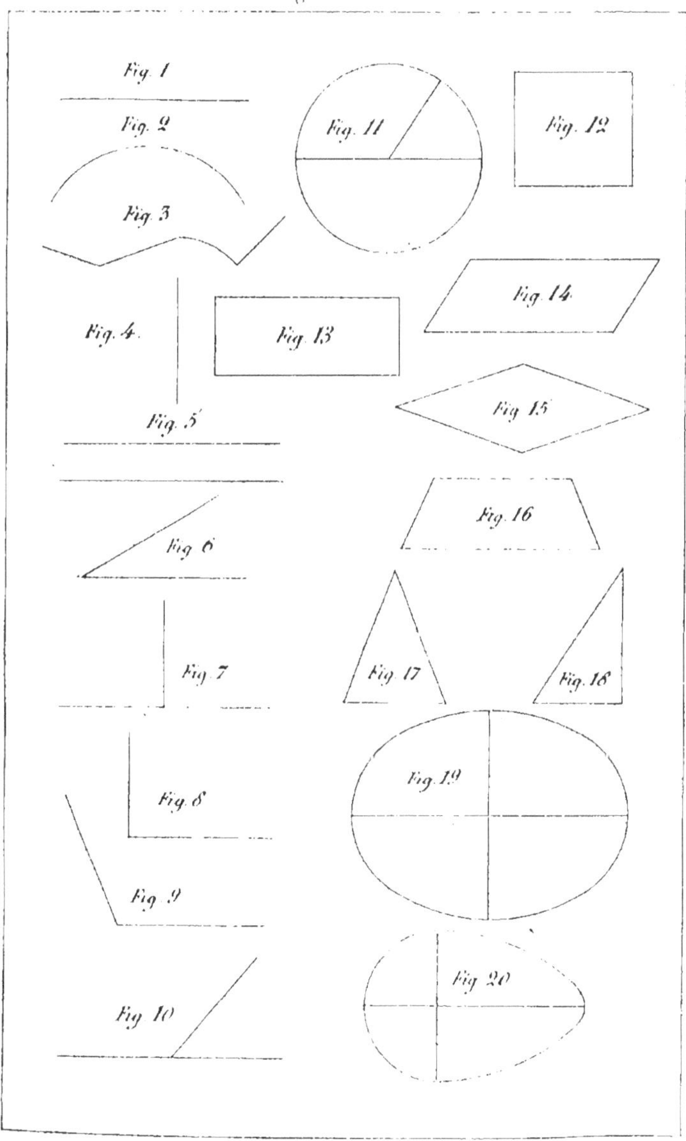

Fig. 1
Fig. 2
Fig. 3
Fig. 4
Fig. 5
Fig. 6
Fig. 7
Fig. 8
Fig. 9
Fig. 10
Fig. 11
Fig. 12
Fig. 13
Fig. 14
Fig. 15
Fig. 16
Fig. 17
Fig. 18
Fig. 19
Fig. 20

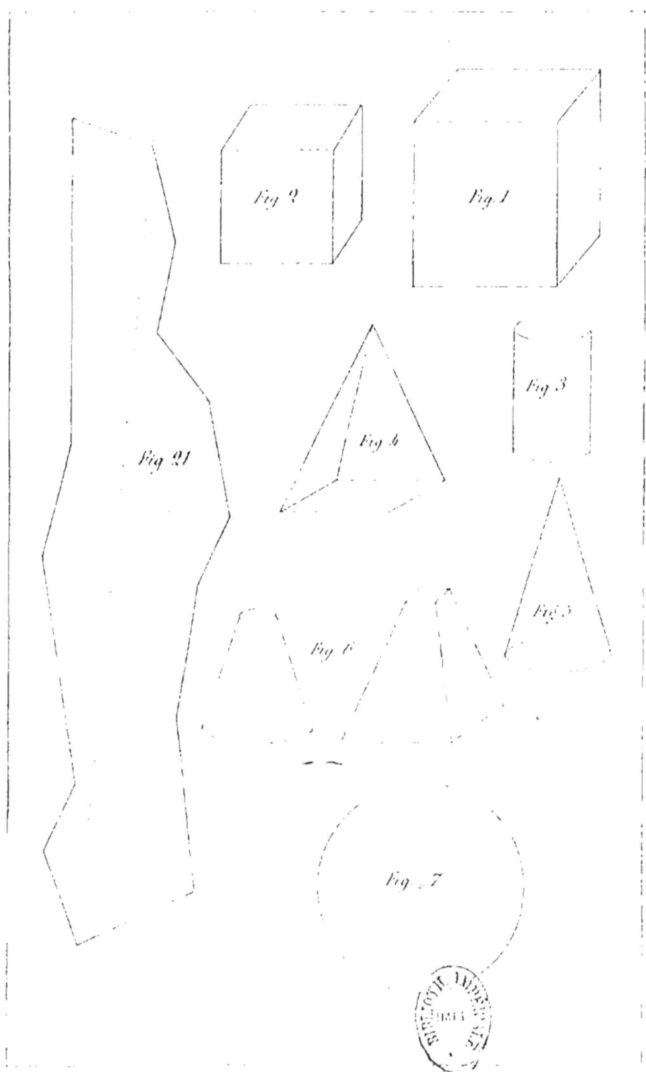
Volumes.
Fig. 2
Fig. 1
Fig. 3
Fig. 4
Fig. 21
Fig. 5
Fig. 6
Fig. 7

mée par un nombre quelconque de côtés. Ainsi, toutes les surfaces planes sont des polygones.

248. La surface du *carré* s'obtient en multipliant la longueur du côté par elle-même.

249. La surface du *rectangle* s'obtient en multipliant la longueur par la largeur.

250. La surface du *parallélogramme* s'obtient en multipliant la longueur de la base par la hauteur.

On appelle *base*, le côté sur lequel la figure semble s'appuyer, et *hauteur*, la longueur de la perpendiculaire abaissée du côté opposé sur la base.

251. La surface du *losange* s'obtient comme celle du parallélogramme, ou en le divisant en deux triangles (253).

252. La surface du *trapèze* s'obtient en additionnant la longueur des deux côtés parallèles, en multipliant cette somme par la hauteur et en prenant la moitié du résultat.

253. La surface du *triangle* s'obtient en multipliant la longueur de la base par la hauteur et en prenant la moitié du produit. Il est bien entendu, lorsqu'on parle de hauteur, que l'on désigne toujours la longueur de la perpendiculaire (*).

254. La surface du *cercle* s'obtient en multipliant la longueur de la circonférence par le rayon et en divisant le résultat par 2.

255. Pour avoir la *circonférence* d'un cercle, quand on connaît le diamètre, on multiplie la longueur du diamètre par 22 et on divise le produit par 7.

256. Pour avoir le *diamètre*, quand on connaît la circonférence, on multiplie la longueur de la circonférence par 7 et on divise le produit par 22.

D'après cela, on trouverait également la circonfé-

______

(*) On trouve encore la surface du triangle en faisant la somme des trois côtés, en prenant moitié de cette somme, en retranchant successivement de cette demi-somme chacun des trois côtés, en faisant le produit de la demi-somme et des trois restes et en cherchant la racine carrée de ce produit; cette racine est la surface du triangle.

rence au moyen du rayon, ou le rayon au moyen de la circonférence.

256 *bis*. La surface de l'*ellipse* et de l'*ovale* s'obtient en faisant le produit des deux *axes*, en multipliant ce produit par 22 et en divisant le résultat par 28.

257. La surface d'un *polygone* quelconque s'obtient en le décomposant en trapèzes et en triangles et en calculant séparément la surface de chacun.

Pour cela, on jalonne sur le terrain, une ligne droite joignant autant que possible les extrémités du polygone à mesurer ; on abaisse sur cette ligne, au moyen de l'équerre d'arpenteur, des perpendiculaires de tous les angles ou de toutes les variations de limites ; on mesure ensuite les triangles, et les trapèzes ainsi formés (fig. 19).

258. Si l'on ne pouvait pas pénétrer dans la propriété à mesurer, on l'entourerait par une figure régulière, on calculerait la surface totale de cette figure et l'on en retrancherait, après l'avoir mesurée, la contenance de ce qui existe entre le terrain à mesurer et la figure tracée.

259. Quelle que soit la figure que l'on ait mesurée, si on s'est servi de l'équerre, on peut facilement en faire le plan, en faisant sur le papier les mêmes opérations que sur le terrain, à une échelle plus petite.

Surface des volumes.

260. La surface de la *sphère* s'obtient en multipliant la longueur de sa circonférence par son diamètre.

261. La surface latérale du *cylindre* s'obtient en multipliant la longueur de la circonférence par la longueur du cylindre ; si les deux circonférences n'étaient pas les mêmes, on en prendrait la moyenne.

262. La surface du *cône* s'obtient en multipliant la longueur de la circonférence de la base par la distance du sommet à cette circonférence et en divisant le résultat par 2.

263. Les surfaces des autres volumes étant des polygones quelconques, il est facile de les mesurer.

264. Lorsqu'on a calculé en mètres la surface d'un polygone, il est bien à remarquer, après avoir séparé les décimales, qu'il faut ensuite retrancher deux chiffres pour avoir les ares et quatre chiffres pour avoir les hectares, attendu que le mètre carré est égal au centiare.

MESURE DES VOLUMES.

265. On appelle *volume*, une grandeur qui a trois dimensions, longueur, largeur et épaisseur.

266. Mesurer un volume, c'est chercher combien il contient de mètres cubes.

267. Les volumes réguliers sont le *prisme*, le *cylindre*, la *pyramide*, le *cône* et la *sphère*.

268. On appelle *prisme*, un corps dont les deux faces opposées, appelées bases, sont égales et parallèles, et dont les faces latérales sont des parallélogrammes (pl. III, fig. 1).

269. On appelle *cube*, un prisme dont les 6 faces sont des carrés égaux (fig. 2).

270. Le *cylindre* est un corps dont les deux bases sont des cercles égaux et parallèles (fig. 3).

271. La *pyramide* est un corps dont la base est un polygone quelconque et dont les faces latérales sont des triangles dont les sommets se réunissent tous en un point appelé *sommet* de la pyramide (fig. 4).

272. Le *cône* est un corps terminé en pointe et dont la base est un cercle (fig. 5).

273. La pyramide et le cône sont dits *tronqués*, lorsqu'on en a enlevé la partie supérieure (fig. 6).

274. La *sphère* est un corps terminé par une surface courbe dont tous les points sont à égale distance d'un point intérieur nommé centre (fig. 7).

275. Le volume du *prisme* s'obtient en multipliant la surface de la base par la hauteur.

276. Le volume du *cube* s'obtient en multipliant la longueur de l'arête deux fois par elle-même.

277. Le volume du *cylindre* s'obtient en multipliant la surface de la base par la hauteur.

278. Le volume de la *pyramide* s'obtient en multipliant la surface de la base par le tiers de la hauteur.

279. Le volume du *cône* s'obtient en multipliant la surface de la base par le tiers de la hauteur.

On entend par *hauteur*, dans la pyramide et le cône, la perpendiculaire abaissée du sommet sur la base.

280. Pour avoir le volume du *cône tronqué*, on fait le carré des rayons des deux bases, le produit de ces rayons et on fait la somme des trois résultats ; on multiplie cette somme par la hauteur du cône, ensuite le nouveau résultat par 22, et on divise le produit par 21.

281. Pour avoir le volume de la *pyramide tronquée*, on fait le produit des surfaces des deux bases et on extrait la racine carrée de ce produit ; on additionne cette racine avec les deux bases, on multiplie la somme par la hauteur de la pyramide et l'on divise le résultat par 3.

Il est bien entendu que dans le cône tronqué et dans la pyramyde tronquée, les bases doivent être parallèles, pour opérer comme nous l'indiquons.

282. Pour avoir le volume de la *sphère*, on multiplie sa surface par le tiers du rayon.

283. Pour trouver la contenance d'un *tonneau* ou de toute futaille semblable, on prend la longueur intérieure du tonneau, le diamètre du bouge et celui des fonds ; on retranche le diamètre des fonds de celui du bouge ; on prend le tiers de la différence et l'on soustrait ce tiers du diamètre du bouge ; le reste que l'on obtient est le diamètre moyen du tonneau ; on cherche la surface du cercle qui a ce diamètre, et on la multiplie par la longueur du tonneau.

283 bis. Le volume d'un corps *elliptique* ou *ovale*, tel qu'une ballonge ou une baignoire, s'obtient en cherchant la surface des deux bases, en faisant la somme des deux surfaces, en divisant cette somme par 2 et en multipliant le résultat par la hauteur du volume.

284. Pour trouver combien un arbre en grume, c'est-à-dire revêtu de son écorce, contient de décistères, si c'est au cinquième déduit, on prend le cinquième de la circonférence, on le retranche de cette circonférence ; on prend le quart du reste, on multiplie ce quart par lui-même et ensuite par la longueur de l'arbre.

Il est bien entendu que la circonférence doit être prise au milieu de la longueur de l'arbre.

285. EXEMPLE. *Combien un arbre de 1 mètre 55 de circonférence sur 6 mètres de long contient-il de décistères au 5e déduit?*

RAISONNEMENT. Je prends le $\frac{1}{5}$ de la circonférence, qui est de 0.31 ; je retranche 0.31 de 1.55 et j'ai 1.24 dont je prends le $\frac{1}{4}$ qui est de 0.31 ; je multiplie 0.31 par lui-même et j'ai 0.0961 que je multiplie enfin par 6 mètres, longueur de l'arbre, ce qui me donne 5 décistères 76.

286. Pour trouver le nombre de décistères, quand c'est au 6e déduit, on prend le 6e de la circonférence, on le déduit de cette circonférence et on opère ensuite comme ci-dessus.

287. On mesure les bois ronds écorcés de la même manière, seulement ils sont au 9e et au 10e déduit.

288. Pour connaître le volume d'un corps irrégulier, il peut se présenter divers cas ; mais supposons que nous ayons à cuber un morceau de pierre de petite dimension : nous le mettrons dans un vase quelconque, nous emplirons ensuite le vase d'eau, et après en avoir retiré le morceau de pierre, nous remplacerons le vide formé par de l'eau ; la quantité de litres indiquera en décimètres cubes le volume de la pierre.

289. On peut se servir de ce moyen pour trouver

le poids d'un mètre ou d'un décimètre cube d'une pierre quelconque.

NOMBRES COMPLEXES.

290. On appelle *nombres complexes* des nombres dont les divisions ne sont pas conformes au système décimal, c'est-à-dire ne sont pas de 10 en 10 fois plus grandes ou plus petites. Les mesures du temps et des angles sont des nombres complexes.

L'année est le temps que la terre met à faire le tour du soleil; elle se divise en 12 mois ou 365 jours, le jour en 24 heures, l'heure en 60 minutes et la minute en 60 secondes.

On appelle année bissextile celle qui a 366 jours.

Une *semaine* se compose de 7 jours; 100 années font un *siècle*.

On appelle *degrés* les divisions de la circonférence; chaque circonférence contient 360 degrés, le degré 60 minutes, et la minute 60 secondes.

291. ADDITION. Pour faire l'addition des nombres complexes, on écrit les nombres les uns sous les autres de manière que les mêmes unités se correspondent; on a soin de laisser un certain espace entre chaque espèce d'unités; puis, en commençant par la droite, on fait séparément l'addition de chaque espèce d'unités; si le total donne une ou plusieurs unités du nombre placé à gauche, on les retient pour les ajouter à ce nombre et on n'écrit que le reste au-dessous; on continue ainsi de suite jusqu'à ce que l'on ait fait toutes les additions partielles.

292. SOUSTRACTION. Pour faire la soustraction des nombres complexes, on les dispose comme pour l'addition et on fait également la soustraction de chaque espèce d'unités séparément; si un nombre inférieur est plus grand que le nombre supérieur, on augmente ce dernier d'une unité de l'ordre supérieur convertie en son espèce, mais on doit ajouter une unité au nombre inférieur de l'espèce à gauche.

293. MULTIPLICATION. Pour multiplier un nombre complexe par un nombre quelconque, on réduit le nombre complexe en ses plus petites unités exprimées ; on fait la multiplication comme si c'étaient des nombres entiers, et on convertit ensuite le produit en ses diverses espèces d'unités.

294. DIVISION. Pour diviser un nombre complexe par un autre nombre, on réduit le nombre complexe en ses plus petites unités exprimées ; on fait la division comme à l'ordinaire, et ensuite on convertit le quotient en ses diverses espèces d'unités.

295. La multiplication et la division des nombres complexes peuvent aussi se faire partiellement, savoir : 1° la multiplication, en commençant par les plus petites unités, et en retenant, à chaque produit, le nombre d'unités de l'ordre supérieur pour les ajouter au produit des unités de cet ordre ; 2° la division, en commençant par les unités les plus élevées, en réduisant chaque reste, s'il y en a, en unités de l'ordre inférieur et en ajoutant le nombre des unités de cet ordre.

FIN DE LA PREMIÈRE PARTIE.

DEUXIÈME PARTIE.

PROBLÈMES D'ARITHMÉTIQUE.

EXERCICES ET PROBLÈMES
SUR LES NOMBRES ENTIERS ET SUR LES NOMBRES DÉCIMAUX.

1° ADDITION.

1. 3257 4612	*2.* 46392 32605	*3.* 865013 113465	*4.* 5168473 3620321
5. 42637 61504	*6.* 964231 328756	*7.* 578014 196542	*8.* 642859 738462
9. 75236 42637 34516	*10.* 63492 13246 65782	*11.* 315860 401679 245716	*12.* 7486153 2130264 6248708
13. 45238 37146 89042	*14.* 843019 150824 437218	*15.* 742650 517482 382634	*16.* 5791357 1826219 3579134
17. 54263 3424 65145 831	*18.* 790132 30004 516 123718	*19.* 84796 2153 466 37	*20.* 534912 18 736 2445
21. 426,37 355,75 18,12	*22.* 560,245 87,33 119,152	*23.* 3745,8 466,54 5231,86	*24.* 43011,25 6545, 836,4

25.	736,24 1013,526	26.	5420,65 897,2	27.	854,73 1346,125	28.	5211,34 978,837

29.	28,736 49,5025 8,272	30.	294,825 25,908 542,007	31.	0,2516 6,435 3,5423	32.	524,892 27,4246 5,85

33.	123456 210987 345678 432109	34.	57913 31975 68024 43186	35.	264802 731975 802468 231746	36.	468,024 531,975 680,246 853,197

37.	148,375 17,945 0,674	38.	679,36 24,542 327,804	39.	28,634 9,28 17.446	40.	3732,26 1121,14 318,275

41. $4245 + 2927 + 86432$ 42. $542 + 1859 + 139246$

43. $19423 + 85773 + 6401$ 44. $28436 + 7000 + 33419$

45. $64238 + 736421,36 + 43862,754 + 5446,17 + 1923,15$

46. $3562 + 7525 + 2627,45$ 47. $8425,19 + 4877 + 972,25$

48. $0,6845 + 2,425 + 72,174$ 49. $5,426 + 3,2745 + 847,15$

50. $74326 + 642,724 + 84,7521 + 93255,17 + 42687,146$

---

51. Une personne a gagné une 1re fois 534 fr., une seconde fois 937 fr. une 3e fois 856 fr. et une 4e fois 272 fr. Combien a-t-elle gagné en tout?

52. Quatre personnes ont dans leurs bourses : la 1re 254 fr., la 2e 98 fr., la 3e 147 fr., et la 4e 56 fr. Quelle somme ont-elles en tout?

53. Une femme va au marché et achète pour 15 fr. de beurre, 4 fr. de fromage, 6 fr. de haricots, 12 fr. d'œufs, 45 fr. de blé, 2 fr. de poisson et 7 fr. de noix. Combien a-t-elle dépensé en tout?

54. Un père de famille partage l'argent qu'il possède entre ses cinq enfants; il donne au 1er 1258 fr., au 2e 1095 fr., au 3e 976 fr. au 4e 953 fr. et au 5e 900 fr. Quelle somme avait-il à partager?

55. Dans un village il y a 112 hommes mariés, 17 veufs, 154 garçons, 112 femmes mariées, 26 veuves et 145 filles. Quelle est la population de ce village?

56. Une ménagère achète pour 6 fr. de sucre, 2 fr. de café, 4 fr. de riz, 26 fr. de savon, 17 fr. de laine et 13 fr. de viande. Combien a-t-elle dépensé en tout?

57. Une personne a payé une dette de 864 fr. et a encore 136 fr. Combien avait-elle en tout?

58. Une propriété a coûté 2538 fr.; on y a fait des améliorations pour 725 fr. et en la revendant on a gagné 512 fr. Combien l'a-t-on revendue?

59. Une marchandise a coûté 278 fr. Combien faut-il la revendre pour gagner 24 francs?

60. Pierre me doit 247 fr., Paul 58 fr. de plus que Pierre, Antoine, autant que Pierre et Paul, et Jules 12 fr. de plus que les trois premiers. Que m'est-il dû en tout?

61. Un banquier avait dans sa caisse 12317 fr; il a reçu une première somme de 936 fr., une 2e de 1523 fr. et une 3e de 98 fr. Combien a-t-il maintenant?

62. Émile est né en 1844. A quelle époque aura-t-il 56 ans?

63. Le troupeau d'un berger se compose de 47 brebis, 54 moutons, 18 agneaux de l'année et 27 de deux ans. Dire le nombre de bêtes du troupeau?

64. Un facteur a trois communes à desservir; la

distance du chef-lieu à la 1re est de 7245 mètres, celle de la 1re à la 2e de 2317 mètres, celle de la 2e à la 3e de 3415 mètres, et enfin pour revenir au chef-lieu, il a encore 11305 mètres. Quelle distance a-t-il à parcourir?

65. Une personne possède 435 hectares de terres labourables, 75 hectares de prés, 12 hectares de vignes, 9 hectares de friches et 674 hectares de bois. Combien a-t-elle d'hectares en tout?

66. On a mis, dans la composition d'une cloche, 220 kilogrammes d'étain, 780 kilogrammes de cuivre, 10 kilogrammes de zinc et 8 kilogrammes de plomb. Quel est le poids de cette cloche?

67. Un marchand a vendu le lundi pour 45 fr. le mardi pour 64 fr. le mercredi pour 15 fr. le jeudi pour 186 fr. le vendredi pour 7 fr. et le samedi pour 95 fr. Quel est le total de sa vente de la semaine?

68. Un fantassin a fait 24 kilomètres le 1er jour, 26 le 2e, 22 le 3e, 32 le 4e et 29 le 5e. Quelle distance a-t-il parcourue?

69. Janvier a 31 jours, février 28, mars 31, avril 30, mai 31, juin 30, juillet 31, août 31, septembre 30, octobre 31, novembre 30 et décembre 31. Combien y a-t-il de jours dans l'année?

70. Une personne est née en 1827, elle est morte à l'âge de 29 ans. Quelle est l'année de son décès?

71. Un commis a dépensé 135 fr. pour son habillement, 610 fr. pour sa nourriture, 45 fr. pour son loyer, 125 fr. pour ses menus plaisirs et il a donné 64 fr. aux pauvres. Quelle est sa dépense totale?

72. Un père a 27 ans de plus que son fils qui en a 19: Quel est son âge?

73. Un régiment se compose de 4 bataillons: le 1er contient 754 hommes, le 2e 24 de plus que le 1er, le 3e, 12 de plus que le second et le 4e 37 de plus que

le **3e**. On demande combien il y a d'hommes dans ce régiment ?

74. Un verger contient 117 pommiers, 76 poiriers, 36 pruniers, 45 cerisiers et 13 pêchers. Combien contient-il d'arbres en tout ?

75. Dans une famille, le père a 47 ans, la mère 43, le fils 18 et la fille 15. Quel est l'âge total des membres de la famille ?

76. Une personne a dépensé une 1re fois 625 fr. 35, une seconde fois 218 fr. et une 3e fois 87 fr. 50. Combien a-t-elle dépensé en tout ?

77. Quatre hommes possèdent en argent; le 1er 237 fr. 15, le 2e 122 fr. 45, le 3e 1154 fr. 65 et le 4e 69 fr. 75. Combien ont-ils en tout ?

78. Quel est le prix total de cinq moutons, sachant que le 1er coûte 22 fr. 35, le 2e 18 fr. 50, le 3e 16 fr. le 4e 15 fr. 25 et le 5e 15 fr. 75 ?

79. Une mère de famille donne à ses trois filles, pour aller à la foire, savoir; à la 1re 75 fr. 15, à la seconde 60 fr. 45 et à la 3e 52 fr. 85. Quelle somme a-t-elle donnée en tout ?

80. Je devais 1235 fr. 80 : après avoir payé cette dette, il me reste 517 fr. 15. Combien avais-je en tout ?

81. Un cultivateur a récolté dans un champ 87 hectolitres de blé, dans un second 15 hectolitres de plus et dans un troisième autant que dans les deux premiers, plus 6 hectolitres. Combien a-t-il d'hectolitres en tout ?

82. Un vigneron a 4 fûts remplis de vin : le 1er contient 11 hectolitres 65, le 2e 8 hectolitres 42, le 3e 7 hectolitres et le 4e 6 hectolitres 75. Combien a-t-il d'hectolitres et de litres en tout ?

83. Une maison a coûté 2350 fr : on y a fait construire une cave et une citerne qui ont coûté 427 fr.

75. Combien faut-il la revendre pour gagner 265 fr?

84. Un propriétaire a fait exploiter 3 coupes de bois : la première a donné 546 stères, la seconde 712 et la troisième 637. Combien a-t-il de stères en tout?

85. Ma mère a acheté divers objets de ménage, savoir : un couperet de 3 fr. 50, un couteau de 4 f. 25, un hachoir de 5 fr., une douzaine de couteaux de table de 6 fr. 75 et une paire de ciseaux de 1 fr. 35. Combien a-t-elle dépensé?

86. J'ai vendu au marché 12 doubles de blé pour 39 fr. 60, un double de navette pour 6 fr. 55, cinq doubles d'orge pour 7 fr. 75 et huit kilogrammes de lard pour 10 fr. 40. Combien ai-je dû recevoir?

87. Une marchandise a été revendue 847 fr. 65; on a perdu 62 fr. 15 en la revendant. Combien avait-elle coûté?

88. Quel âge aura dans 34 ans un enfant qui a aujourd'hui 13 ans, et en quelle année aura-t-il cet âge s'il est né en 1844?

89. Le plus petit de deux nombres est 1254 et leur différence est 327. Quel est le plus grand?

90. En vendant une maison 7,231 fr., on a perdu 1,024 fr. Combien avait-elle coûté?

91. Un marchand de bois en a vendu une première fois 1,024 stères 75, une seconde fois 817,25, une troisième fois 900 stères et une quatrième fois 514 stères 85. Combien a-t-il vendu de stères en tout?

92. Un marchand a acheté 225 mètres 35 de drap première qualité, 145 mètres 75 deuxième qualité et 87 mètres 8 troisième qualité. Combien a-t-il acheté de mètres en tout?

93. Un commerçant a payé quatre traites : la première de 675 fr. 25, la deuxième de 512 fr., la troisième de 86 fr. 75 et la quatrième de 1,136 fr. 45. Combien a-t-il déboursé en tout?

94. On a expédié à un épicier 112 kilogrammes 75 de sucre, 77 kilogrammes 25 de savon, 18 kilogrammes de riz, 12 kilogrammes 60 de vermicelle et une tonne d'huile pesant 96 kilogrammes 85. Quel était le poids du chargement?

95. J'avais un pré de la contenance de 125 ares; j'ai acheté, pour l'agrandir, trois parcelles contiguës: la première contient 17 ares 25, la seconde 35 ares 40 et la troisième 8 ares 80. Quelle est maintenant la contenance de ma propriété?

96. Un ouvrier a fait en 14 jours 35 mètres d'ouvrage qui lui ont été payés 84 fr.; en 8 jours, 24 mètres pour 65 fr.; en 29 jours, 66 mètres pour 417 fr., et en 13 jours, 32 mètres pour 75 fr. Combien a-t-il travaillé de jours, combien a-t-il fait de mètres et pour quelle somme?

97. Un propriétaire a occupé cinq manœuvres pendant un certain temps : le premier a gagné 72 fr. 45, le deuxième 64 fr. 20, le troisième 102 fr., le quatrième 86 fr. 50 et le cinquième 37 fr. 15. Combien ont-ils gagné en tout?

98. Un maréchal-ferrant a reçu une première fois 147 kilogrammes 25 de fer, une deuxième fois 84 kilogrammes 75, une troisième fois 52 kilogrammes et une quatrième fois 154 kilogrammes. Combien en a-t-il reçu en tout?

99. On a partagé une somme entre huit personnes : la première a eu 43 fr., la deuxième 7 fr. de plus que la première, la troisième 7 fr. de plus que la seconde, et ainsi des autres. Quelle est la part de chaque personne et la somme partagée?

100. Après avoir payé 8 fr., 25 fr., 74 fr., 135 fr. et 246 fr., il me reste encore 512 fr. Quelle somme avais-je avant de faire ces paiements?

101. Un homme gagne 4 fr. par jour, sa femme 2 fr. 50 c., ses deux fils chacun 1 fr. 75 et sa fille 1 fr. 25. Quel est le gain total de la famille?

102. Un marchand a acheté 5 pièces de vin : la première contient 250 litres et coûte 112 fr., la deuxième 327 litres et coûte 200 fr.; la troisième et la quatrième contiennent chacune 217 litres et coûtent en tout 160 fr.; la cinquième 197 litres et coûte 54 fr. On demande combien ce marchand a acheté de litres et pour quelle somme ?

103. Un vigneron a tiré d'une cuve : une première fois 825 litres 75, une seconde fois 672 litres 50, une troisième fois 434 litres 25 et une quatrième fois 927 litres. Quel est le nombre de litres soutirés de cette cuve?

104. Douze ouvriers ont été occupés à faire un ouvrage : le premier y a travaillé pendant 37 jours, le second 4 jours de plus que le premier, le troisième 4 jours de plus que le second et ainsi des autres. Quel est le nombre total des journées et celui de chaque ouvrier ?

105. Je devais une somme que j'ai soldée en trois paiements : le premier a été de 230 fr., le second de 124 fr. et le troisième de 936 fr. 75. Quelle était cette somme ?

106. Un fabricant de coutellerie a expédié des couteaux de table pour 142 fr. 50, des ciseaux de tailleur pour 46 fr. 25, des cisailles pour 69 fr. 90, des couteaux de dessert pour 84 fr. et des couperets pour 19 fr. 75. Combien doit-il recevoir pour cet envoi ?

107. Je dois trois sommes payables à la même époque : l'une de 2,347 fr., l'autre de 75 fr. 25 et la troisième de 172 fr. 50. Combien me faut-il pour les acquitter ?

108. Le problème n° 69 faisant connaître le nombre des jours de chaque mois, dire, d'après cela, combien il y a de jours depuis le 17 mars jusqu'au 15 août.

109. Combien s'est-il écoulé de temps depuis 7 heures du matin jusqu'à 9 heures du soir ?

110. Un malade s'est mis au lit le 13 janvier et ne l'a quitté que le 22 septembre de la même année. Combien de temps a-t-il gardé le lit ?

111. Je voudrais savoir pour combien de jours je dois payer les intérêts d'un billet souscrit le 3 avril et payable le 15 septembre de la même année ?.

112. Le Prince Impérial est né le 16 mars 1856. A quelle date aura-t-il accompli sa vingt-cinquième année ?

113. Un cultivateur achète un cheval de 475 fr., une paire de bœufs de 536 fr., une vache de 212 fr., un charriot de 250 fr., une charrue de 65 fr. et il lui reste encore, après avoir tout acquitté 423 francs. Combien avait-il en tout ?

114. Un spéculateur a acheté un bois pour 45,015 fr. Combien doit-il le revendre s'il veut gagner 6,005 fr., sachant qu'il y a fait exécuter des travaux d'amélioration pour 2,430 fr. ?

115. Un boucher a tué deux bœufs pesant ensemble 527 kilogrammes ; trois veaux pesant, le premier 37 kilog. 50, le deuxième 42 kilog. 80 et le troisième 56 kilog. Quel est le poids total des cinq bêtes abattues ?

116. La distance de Chaumont-en-Bassigny à Paris est de 244 kilomètres, celle de Chaumont à Langres de 40 kilomètres. Quelle est la distance de Langres à Paris ?

117. Un père de famille laisse à ses enfants un mobilier estimé 4,530 fr., des maisons pour 7,460 fr., des terres labourables pour 24,775 fr., des prés pour 2,400 fr. et un bois estimé 11,225 fr. Quel était le montant de sa fortune ?

118. Un baril pèse 6,950 grammes. Quel sera son poids si l'on y met 32,745 grammes de liquide ?

119. On a gagné 4,007 fr. sur une vigne que l'on avait achetée 25,406 fr. Combien l'a-t-on vendue ?

120. Dans une école il y a 5 classes : la première contient 7 élèves, la deuxième 13, la troisième 9, la quatrième 17 et la cinquième 25. Combien y a-t-il d'élèves dans cette école.

121. Un écolier a dépensé, pendant son hiver, pour 2 fr. 25 de plumes, 3 fr. 75 de papier, 7 fr. 35 de livres et 1 fr. 85 de diverses petites fournitures. Combien a-t-il dépensé en tout ?

122. J'ai fait construire une maison dont la maçonnerie m'a coûté 945 fr., l'extraction et le transport de la pierre 426 fr., le sable et la chaux 97 fr., la charpente 620 fr., la couverture 312 fr., la menuiserie, portes, fenêtres et planchers 575 fr., et les autres travaux de l'intérieur 436 fr. Combien me coûte cette construction ?

123. Mon cultivateur me réclame 65 fr. 75 pour avoir cultivé les propriétés que je possède dans une saison, 53 fr. 25 pour une autre saison et 118 fr. pour une troisième ; il m'a fait en outre des voyages pour le transport de mes récoltes pour 106 fr. 50. Combien lui dois-je en tout ?

124. Un cultivateur doit à son maréchal, pour le ferrage de ses chevaux pendant l'année, 34 fr. 35 c. ; pour diverses réparations à ses charrues, 46 fr.; pour dents mises à une herse, 12 fr., et pour l'entretien de ses autres harnais, 77 fr. 40. Combien doit-il en tout ?

125. Une commune a acheté pour la classe : deux cartes géographiques pour 45 fr., des tableaux de lecture pour 10 fr. 25, des livres de lecture pour 24 fr. 50, des manuscrits pour 15 fr., et quelques autres petits objets estimés 27 fr. 45. Quel est le montant de la dépense ?

186. La population de l'Europe est évaluée à 180 millions d'habitants ; celle de l'Asie à 596,000,000 ; celle de l'Afrique à 150,000,000 ; celle de l'Amérique à 60

millions, et celle de l'Océanie à 10,000,000. Quelle est la population du globe terrestre ?

127. La comète qui a paru en 1835 doit reparaître 76 ans après cette date. Quelle sera l'année de sa nouvelle apparition ?

128. Un charcutier a acheté trois porcs : le premier, qui pèse 97 kilogrammes, lui coûte 135 fr.; le second pèse 64 kilogrammes et coûte 102 fr., et le troisième pèse 114 kilogrammes et coûte 158 fr. Quel est le poids de ces trois porcs, combien coûtent-ils en tout et que doit-il les revendre pour gagner 64 fr. sur les trois?

129. Un épicier reçoit trois mannequins de pommes : le premier en contient 374, le second 501 et le troisième 438. Combien les trois mannequins en contiennent-ils ?

130. Un voyageur sort à quatre heures du matin pour arriver à sa destination; il lui faut 13 heures pour faire son voyage. A quelle heure arrivera-t-il ?

131. Un cultivateur a récolté 1,204 gerbes de blé, 540 gerbes d'orge et autant d'avoine que de blé et d'orge. Combien a-t-il récolté de gerbes en tout?

132. J'ai récolté six charriots de foin : le premier pesait 1,575 kilogrammes, le deuxième 1,246, le troisième 1,798, le quatrième 842, le cinquième 1,334 et le sixième 1,450. Quel est le poids total de ma récolte en foin?

133. Une fermière a vendu pour 36 fr. 50 d'œufs, 48 fr. 35 de beurre, 15 fr. 25 de lait et 26 fr. de volailles. Combien doit-elle recevoir ?

134. Un jardinier a acheté une bêche de 6 fr., une pelle de 3 fr. 25, une pioche de 3 fr. 85 et un râteau en fer de 2 fr. 45. Combien doit-il payer ?

135. Un cultivateur vend à une foire : deux vaches de chacune 135 fr., une paire de bœufs de 472 fr., un cheval de 540 fr. et un poulain de 148 fr.; l'ache-

leur donne en outre 5 fr. 25 pour le garçon d'écurie. Combien doit-il verser en tout?

136. Un rentier dépense annuellement 1,568 fr. 75, et il lui reste encore au bout de l'année 431 fr. 25. Quel est son revenu?

137. Le plus petit de deux nombres est 642, le plus grand 1567. Quelle est leur somme?

138. J'avais un certain nombre de pommes, j'en ai mangé 18 et il m'en reste encore 22 de plus que je n'en ai mangé. Combien en avais-je en tout?

139. Après avoir pris dans ma bourse 17 fr. 25, 26 fr., 42 fr., 54 fr. 75 et 5 fr. 15; il me reste 126 fr. 45. Combien contenait-elle en tout?

140. Un père avait 27 ans et la mère 22 à la naissance de leur fils; celui-ci a maintenant 35 ans. Quel est l'âge du père et de la mère?

141. Napoléon Ier est né en 1769 et est mort à l'âge de 52 ans. Quelle est l'année de sa mort?

142. J'expédie une caisse pesant 18 kilogrammes seule et contenant 46 kilogrammes 50 de savon, 8 kilogrammes de chandelle, 5 kilogrammes 50 de bougie et 16 kilogrammes 75 de riz. Quel est le poids total de la caisse et des marchandises?

143. Un instituteur perçoit annuellement les sommes suivantes : 600 fr. de traitement, 80 fr. comme secrétaire de mairie, 65 fr. de casuel, 30 fr. pour la sonnerie et 50 fr. pour la remonte de l'horloge. Quel est le montant de son traitement?

144. J'ai vendu une première fois 18 stères de bois, une deuxième fois 37 stères, une troisième fois 25 stères 75, une quatrième fois 62 stères et une cinquième fois 12 stères 50; il me reste encore 115 stères. Je voudrais savoir combien j'en avais en tout?

145. Trois héritiers se sont partagé une succession; le premier a eu 6,245 fr., le second 156 fr. de plus que le premier et le troisième autant que les deux

autres. Quelle a été la part de chacun et quel est le montant de la succession?

146. Quel est le nombre des points d'un jeu de dominos dont le plus fort dé est le double 6?

147. Une armée compte 25,272 hommes valides, 2,320 hommes à l'hôpital et 873 en congé. Quel est l'effectif de cette armée?

148. Henri IV, roi de France, est né en 1553; il fut assassiné à l'âge de 57 ans. Quelle est l'année de sa mort?

149. Une personne possède 6 propriétés : la première contient 272 ares 50, la seconde 546 ares, la troisième 89 ares 75, la quatrième 126 ares 40, la cinquième 718 ares et la sixième 67 ares 30. Quelle est la contenance totale de toutes ces propriétés :

150. Combien dois-je payer à un cordonnier qui me présente le mémoire suivant :

Doit A., cultivateur à X...

1° Une paire de souliers de........	12 f. 50
2° Une autre paire de.............	9 25
3° Une paire de bottes fines de.....	22 »»
4° Une paire de bottes de charrue de	15 »»
Et 5° Pour divers raccommodages.....	3 25 ?

2° SOUSTRACTION.

151. 4532785	**152.** 8392743	**153.** 9845627	**154.** 561397
2210643	6841521	4632104	246853

155. 398452	**156.** 743685	**157.** 2135794	**158.** 3479214
186201	501354	1043671	2168032

159. 4682571	**160.** 8243572	**161.** 5843257	**162.** 975314
3143565	6412395	3410526	623543

| 163. 7462354 | 164. 6234573 | 165. 2537963 | 166. 864202 |
| 4351042 | 3120621 | 1425412 | 753115 |

| 167. 964352 | 168. 651482 | 169. 534689 | 170. 198463 |
| 842103 | 410623 | 140356 | 175142 |

| 171. 864312 | 172. 534681 | 173. 648213 | 174. 965421 |
| 421602 | 412594 | 213502 | 346203 |

| 175. 432165 | 176. 764158 | 177. 94354 | 178. 456214 |
| 364253 | 651236 | 21862 | 325401 |

| 179. 678,256 | 180. 861,95 | 181. 95,6759 | 182. 24,007 |
| 510,025 | 230,008 | 72,45 | 9,6181 |

| 183. 842,654 | 184. 785,46 | 185. 956,42 | 186. 514,601 |
| 421,3 | 361,204 | 814,216 | 394,004 |

| 187. 241,6 | 188. 602,624 | 189. 584,02 | 190. 648,215 |
| 42,725 | 28,256 | 436,109 | 34,1006 |

191. 853,211 — 469,04

192. 184,006 — 32,54

193. 540,08 — 417,643

194. 921,55 — 267,021

195. 642,857 — 0,0643

196. 96,261 — 71,845

197. 7312786 — 442352

198. 82754 — 12679

199. 0,8645 — 0,539

200. 43 — 0,764,253

204. Un homme avait emprunté 836 fr.; il a remboursé 614 fr. Combien doit-il encore?

202. En se mettant au jeu, une personne avait 256 fr.; quand elle cesse de jouer, elle a 347 fr. Combien a-t-elle gagné?

203. Napoléon Ier est né en 1769 et est mort en 1821. Quel était son âge?

204. J'ai 3,246 fr.; quelle somme faudrait-il que j'emprunte pour avoir 5,000 fr.?

205. Un rentier a un revenu annuel de 4,360 fr.; il ne dépense que 3,185 fr. Quelle est son économie à la fin de l'année?

206. Le poids brut d'une caisse de savon est de 345 kilogrammes; la caisse pèse 17 kilogrammes. Quel est le poids du savon?

207. Un père et son fils ont ensemble 64 ans; le père a 47 ans. Quel est l'âge du fils?

208. En vendant une maison 5,450 fr. on a gagné 546 fr. Combien avait-elle coûté?

209. Un négociant a 12,425 fr. dans sa caisse; il doit acquitter une traite de 9,744 fr. Combien lui restera-t-il?

210. Le plus petit de deux nombres est 145,75, le plus grand 637. Quelle est leur différence?

211. L'invention de l'imprimerie date de 1445. Combien s'est-il écoulé de temps depuis cette époque jusqu'en 1860?

212. Le plus grand de deux nombres est 176, leur différence 89. Quel est le plus petit?

213. Un marchand avait une pièce de toile de 54 mètres; il en a vendu une première fois 17 mètres et une seconde fois 19 mètres. Combien lui en reste-t-il?

214. Deux personnes avaient 745 fr. 50; la première a pris 428 fr. 75. Que reste-t-il à la seconde?

215. Une personne avait acheté des marchandises pour 765 fr.; elle a donné à compte un billet de 100 fr. et 436 fr. en espèces. Combien doit-elle encore?

216. Une personne a eu 34 ans en 1857. A quelle époque aura-t-elle 70 ans?

217. On achète un cheval pour 435 fr., on le revend 417 fr. On demande la perte?

218. Une armée comptait 28,476 hommes; dans une bataille, elle a perdu 2,907 hommes. Combien en reste-t-il?

219. La somme de deux nombres est 2427, le plus petit est 978. Quel est le plus grand?

220. Une succession de 8,500 fr. a été partagée entre 3 héritiers : le premier a eu 2,335 fr., le deuxième 2512. Quelle a été la part du troisième?

221. Un marchand a vendu 164 fr. ce qui lui avait coûté 98 fr. Quel a été son gain?

222. Un ouvrier a mis 47 jours pour exécuter un ouvrage qu'il a terminé le 23 avril. A quelle date l'avait-il commencé?

223. La somme de 4 nombres est 1954; le premier est 254, le second et le troisième sont le double du premier. Quel est le quatrième?

224. La comète qui est apparue en 1835 s'était montrée 76 ans auparavant. Quelle était donc l'époque de sa précédente apparition?

225. Une personne a payé 364 fr. sur une dette de 500 fr. Combien doit-elle encore?

226. Une ménagère va au marché avec 38 fr.; elle achète pour 12 fr. de beurre, 4 fr. d'œufs, 2 fr. de poisson et 1 fr. de légumes. Que lui reste-t-il?

227. Un fantassin avait à faire 475 kilomètres pour se rendre à sa destination; il en a déjà parcouru 287, Combien en a-t-il encore à parcourir?

228. Un maître doit à son domestique 348 fr. pour ses gages; il lui a déjà donné pour 84 fr. de blé et 53 fr. d'orge. Que lui doit-il encore ?

229. Un homme s'était marié à 28 ans; il vient de mourir en 1859 après 52 ans de mariage. Qelle est la date de sa naissance et quel était son âge ?

230. Quel est le nombre qui, augmenté de 2384, donne 8112 unités ?

231. Henri IV, roi de France, fut assassiné en 1610 à l'âge de 57 ans. Quelle est l'année de sa naissance?

232. Un père avait 29 ans à la naissance de son fils. Quel sera l'âge de ce dernier lorsque le père aura 75 ans ?

233. Un marchand va à la foire avec 2,500 francs; il achète un cheval de 475 fr., une paire de bœufs de 610 fr., une vache de 212 fr. et un mouton de 22 fr. Que lui reste-t-il ?

234. Un écolier avait 430 lignes de grammaire à copier; il en a fait 117 lignes une première fois et 236 une seconde fois. Combien en a-t-il encore à copier ?

235. Les papes résidèrent à Avignon de l'année 1309 à 1317. Combien de temps furent-ils absents de Rome?

236. Un devis de travaux montant à 72,435 fr. a été réduit à 69,540 fr. Quel est le montant de sa réduction ?

237. Que faudrait-il ajouter à l'année 1270, époque de la mort de S. Louis, pour avoir l'année actuelle?

238. Un particulier achète une maison pour 7,356 fr.; il y fait des réparations pour 234 fr. et la revend 9000 fr. Quel est son gain ?

239. Un négociant met dans le commerce 23540 fr.; au bout de 3 ans, il retire 30,200 fr. Quel est son bénéfice ?

240. Une personne doit toucher une somme de 2560 fr. et payer une dette de 1976 fr. Combien lui restera-t-il ?

241. Un cultivateur avait 275 doubles-décalitres de blé, 147 d'orge, 560 d'avoine et 73 de seigle ; il en a vendu une première fois 110 de blé, 45 d'orge, 270 d'avoine ; une seconde fois 37 de blé, 93 d'orge, 117 d'avoine et 46 de seigle. Combien lui reste-t-il de doubles-décalitres de chaque façon ?

242. Un tonneau contenait 234 litres de vin ; on en a tiré un baril de 47 litres et un autre de 75 litres. Combien en reste-t-il ?

243. Combien s'est-il écoulé de temps depuis l'année 1492, époque de la découverte de l'Amérique par Christophe Colomb, jusqu'en 1859 ?

244. Quelle somme manque-t-il à un négociant qui doit payer trois billets, le premier de 534 fr., le second de 1262 fr., le troisième de 2400 fr., et qui n'a dans sa caisse qu'une somme de 1931 fr. ?

245. Une mère de famille ne se rappelle plus la date de la naissance de ses fils ; elle sait seulement que le premier aura 29 ans en 1858, le second 24 ans et le troisième 19 ans. Trouver cette date ?

246. Quelqu'un doit à un épicier 512 fr. ; il prend encore des marchandises pour 343 fr. et donne un à-compte de 481 fr. Combien lui doit-il encore ?

247. Un marchand avait 525 fr. en caisse ; il a acheté au comptant pour 437 fr. et vendu pour 746 fr. Combien doit-il encore avoir ?

248. La tour d'une église a 38 mètres de hauteur ; la flèche seule a 14 mètres. Quelle est la hauteur de la maçonnerie ?

249. Dans un village il y a 112 hommes mariés, 17 veufs, 154 garçons, 112 femmes mariées, 11 veuves et 135 filles. Combien y a-t-il d'habitants du sexe masculin de plus que du sexe féminin ?

250. Un propriétaire achète une ferme pour 145,000 fr.; il donne un à-compte de 26,400 fr. et doit payer le reste en trois paiements dont le premier doit être de 30,000 fr., le deuxième de 43,200 fr. On voudrait connaître le montant du troisième?

251. Un vigneron avait 147 hectolitres de vin de première qualité et 263 hectolitres de vin ordinaire; il en a vendu 98 hectolitres de la première espèce et 174 de la seconde. On voudrait savoir ce qu'il lui en reste de chaque façon?

252. Un ballot de marchandise pèse 376 kilogrammes, l'emballage 39 kilogrammes. Quel le poids net de la marchandise?

253. Quel est le nombre auquel il manque 1243 pour être égal à 17122?

254. Louis XIV est né en 1638 et est mort en 1715. Quel était son âge?

255. Un commissionnaire avait un chargement du poids de 7832 kilogrammes; il a d'abord déposé un ballot pesant 680 kilogrammes, un deuxième ballot de 1326 kilogrammes et un troisième pesant 3112 kilogrammes. Quel est le poids net des marchandises qui lui restent?

256. Un père de famille possédait 26,340 fr.; il a donné à ses enfants, savoir : au premier 4235 fr., au second 4010 fr., au troisième 120 fr. de moins qu'au second et au quatrième 5936 fr. Que lui reste-t-il?

257. Un rentier a un revenu de 3675 fr.; il dépense annuellement 1986 fr. 75. Combien lui reste-t-il à la fin de chaque année?

258. Il manque 275 fr. 60 à une personne pour acquitter deux billets, l'un de 540 fr. et l'autre de 673 fr. 25. Combien cette personne a-t-elle donc?

259. Un marchand a acheté, dans le cours d'une année, pour 36245 fr. de marchandises sur lesquelles il a perdu 7352 fr. 75. Combien les a-t-il revendues?

260. Un père et son fils ont ensemble 97 ans ; le fils a 36 ans. Quel est l'âge du père ?

261. Je pensais avoir 1000 fr. dans ma bourse ; après avoir payé 26 fr. 75, 437 fr. et 309 fr. 45, il ne me reste plus que 145 fr. 25. Quelle était mon erreur ?

262. On m'a expédié une caisse contenant 275 oranges ; en la recevant, je n'en ai plus trouvé que 259. Combien en avait-on volé ?

263. Un particulier a acheté des propriétés pour 6500 fr. ; il a déjà donné à compte, une première fois, 875 fr., une seconde fois 1236 fr., une troisième fois 746 fr. 75 et une quatrième fois 2785 fr. Combien doit-il encore ?

264. Un cultivateur devait à son maréchal 237 fr. 45 ; il lui a donné en espèces 112 fr., en blé pour 64 fr., et il lui a cultivé des propriétés pour 26 fr. 75. Combien doit-il encore ?

265. J'ai donné 126 fr., 245 fr., 178 fr., 350 fr. et 542 fr. sur une vigne que j'avais achetée 1500 fr. Combien dois-je encore ?

266. Un coupon de drap contenait 86 mètres 75 ; on en a vendu 39 mètres 85. Combien en reste-t-il ?

267. Un élève avait gagné 336 bons points ; il en a perdu 57. Combien lui en reste-t-il ?

268. On a récolté, dans un village, 42,786 hectolitres de blé ; il en faut 27,897 hectolitres pour la consommation des habitants. Combien peut-on en vendre ?

269. Un marchand de laines en avait en magasin 145,362 kilogrammes au 1er janvier ; au mois de juillet, il fait son inventaire et n'en trouve plus que 76,436 kilogrammes. Quelle est la quantité vendue ?

270. Un marchand a acheté trois pièces de toile, la première de 68 mètres 75, la seconde de 86 mètres 25 et la troisième de 116 mètres ; sur cette quantité, il en a vendu une première fois 25 mètres 75, une seconde fois 6 mètres 50, une troisième fois 34 mètres, une quatrième fois 52 mètres et une cinquième fois 64 mètres 85. Combien lui en reste-t-il ?

271. Dans un foudre contenant 21,345 litres de vin, on a tiré pour remplir deux tonneaux de chacun 234 litres, un de 275 litres, un de 325 litres, une feuillette de 125 litres, une autre de 112 litres et un baril de 64 litres. Combien reste-t-il de litres de vin dans ce foudre ?

272. Un tisserand a fait 645 mètres de calicot ; il en a vendu 732 mètres. Combien doit-il en faire encore pour opérer sa livraison ?

273. J'avais une propriété de la contenance de 22 hectares 65 ; le chemin de fer, après m'en avoir pris 1 hectare 85, a divisé le reste en deux parties dont l'une contient 7 hectares 95. Qelle est la contenance de l'autre parcelle et combien reste-t-il de ma propriété ?

274. Une prairie de 145 hectares a été divisée en 4 lots ; le premier contient 31 hectares 25, le second 28 hectares 85 et le troisième 43 hectares 45. Quelle est la contenance du quatrième ?

275. Deux enfants vont, en courant, à la rencontre l'un de l'autre : la distance qui les sépare est de 472 mètres ; le premier fait 296 mètres. Combien le second en fait-il ?

276. Un collégien a reçu 186 fr. 50 pour ses menues dépenses pendant l'année ; il lui reste encore 49 fr. 75. Combien a-t-il dépensé ?

277. Un coquetier va au marché avec 245 kilogrammes 75 de beurre ; il en vend 198 kilogrammes 85. Combien lui en reste-t-il ?

278. Je dois trois billets : le premier de 745 fr., le second de 236 fr. 40, et le troisième de 98 fr. 75. Combien me restera-t-il après les avoir acquittés si je possède 1400 fr. ?

279. Quel est le nombre qui deviendrait 1348 si on l'augmentait de 459 ?

280. Le montant de l'adjudication d'une maison d'école était de 9645 fr. Quel est le bénéfice de l'entrepreneur s'il a déboursé 6752 fr. pour ces travaux ?

281. Un baril plein pèse 46,325 grammes; le baril seul pèse 7637 grammes. Quel est le poids du liquide qui y est contenu ?

282. La fortune d'un père de famille s'élève à 65,000 fr.; son mobilier seul vaut 6435 fr., ses prés 8960 et ses autres immeubles 44,646 fr. Quel est son avoir en espèces ?

283. Un cultivateur reçoit un mémoire de son charron, montant à 748 fr. 35; en vérifiant l'addition, on trouve 19 fr. 45 en moins. Combien doit-il verser?

284. Un écolier doit apprendre 436 lignes d'histoire sainte; il en sait déjà 269. Combien lui en reste-t-il encore à apprendre?

285. Un épicier a acheté des marchandises pour 746 fr.; mais comme elles étaient avariées, lorsqu'il les a reçues, on lui a fait une réduction de 67 fr. 75. Combien a-t-il dû payer?

286. Un marchand de bois a fait fabriquer 23,632 fagots et 12,740 stères de rondin dans une coupe ; il a déjà vendu 17,845 fagots et il lui reste 1,296 stères de rondin. Combien lui reste-t-il de fagots et combien a-t-il vendu de stères ?

287. Un tuilier a retiré de son four 67,530 tuiles : sur ce nombre il s'en trouve 145 de cassées, 97 qui ne sont pas bien cuites et il en a vendu 45,250. Combien lui en reste-t-il ?

288. Si j'avais vendu 45 fr. de plus ce que j'ai vendu 1238 fr., j'aurais gagné 264 fr. Quel a été mon prix d'achat ?

289. Une personne a eu 47 ans en 1856. Quelle est la date de sa naissance ?

290. Une femme va à la foire avec 50 fr.; elle achète quatre chaises pour 9 fr. 25, un rouet à filer de 6 fr. 75, de la toile pour 15 fr. et divers autres petits objets pour 5 fr. 45. Combien doit-il lui rester d'argent?

291. Dans une propriété contenant 265 ares 25, il y a un pré de 86 ares, un jardin potager de 10 ares 50, un verger de 17 ares 75, une pièce d'eau de 4 ares 30, et le reste est en terres labourables. Quel est la contenance de cette dernière partie?

292. Un menuisier avait acheté 1245 mètres de planches et 124 mètres de plateaux; il n'a plus que 367 mètres de planches et 57 mètres de plateaux. Combien en a-t-il occupé de mètres de chaque espèce?

293. J'achète, près d'un cultivateur, pour 106 fr. 35 de blé, 38 fr. 65 d'orge, 11 fr. de sarrasin, 18 fr. 50 de navette et 15 fr. 25 de paille. Je n'ai que 150 fr. à lui donner; combien lui devrai-je encore?

294. Une cloche devait peser net 1260 kilogrammes; elle ne pèse que 1195 kilogrammes. Quelle est en moins la différence de poids?

295. Je souscris un billet de 145 fr., un autre de 127 fr. 50 et je donne en espèces 318 fr. 85 à un marchand qui m'a vendu une première fois pour 475 fr. et une seconde fois pour 230 fr. Combien lui devrai-je encore?

296. Un charpentier a fait un hangar pour 785 fr.; le total du bois fourni par lui s'élève à 496 fr. 75. Quel a été son bénéfice?

297. J'ai acquitté une dette en 5 paiements; le premier a été de 154 fr., le second de 8 fr. de moins et ainsi de suite jusqu'au dernier. Quel était le montant de la dette et quel a été le dernier paiement?

298. Un coutelier a livré une grosse de lames pour 65 fr. 75; le chatel, les frais de fabrication et autres s'élèvent à 39 fr. 85. Quel est son bénéfice?

299. Une école, divisée en 3 classes, renferme 234 élèves ; la première classe est de 80 élèves, la seconde de 74 ; combien y a-t-il d'élèves dans la troisième ?

300. J'avais 462 fr. ; j'ai emprunté 135 fr., payé une dette de 200 fr., acheté divers objets pour 137 fr. 75 ; j'ai ensuite reçu 75 fr. et 38 fr. 35, et dépensé 9 fr. 40. Combien dois-je avoir maintenant ?

3° MULTIPLICATION.

301. 1357924 2	*302.* 68036981 3	*303.* 2468013 4	*304.* 5791246 5
305. 54287961 6	*306.* 74839502 7	*307.* 93615278 8	*308.* 63217984 9
309. 36421578 12	*310.* 59768537 34	*311.* 72586914 56	*312.* 80214357 78
313. 42798631 349	*314.* 37265428 8624	*315.* 45312685 5796	*316.* 730042691 3046
317. 62437581 2475	*318.* 83765429 47906	*319.* 58024681 6753	*320.* 41362743 59703
321. 2375,75 34,	*322.* 9423,85 7,4	*323.* 64237,25 18,437	*324.* 335422,45 534,7
325. 7489,654 5,37	*326.* 247,8342 0,58	*327.* 3225,44 0,375	*328.* 12,34687 9,458
329. 0,43765 2,145	*330.* 3642753 8672	*331.* 98276,31 4537,	*332.* 7423985 10042

333. 4372 *334.* 0,750 *335.* 4000,43 *336.* 589,375
78635   3842,6   6,357   10,043

337. 7498526 *338.* 4736,29 *339,* 586473 *340.* 6,42879
60407   74,152   365   0,0275

341 432467 $\times$ 2754 *342.* 385 $\times$ 763104

343. 74,8346 $\times$ 7,936 *344.* 936247 $\times$ 8592

345. 0,54836 $\times$ 9425 *346.* 53,774 $\times$ 4,436

347. 573862 $\times$ 0,2346 *348.* 0,1245 $\times$ 19,572

349. 4,365 $\times$ 72,527 *350.* 276,8900 $\times$ 0,8361

351. Quel est le prix de **428** mètres de drap à **17** fr. le mètre ?

352. Combien doit-on payer pour **136** ares de terrain à **35** fr. l'are ?

353. Quelle somme recevrais-je pour **1,578** stères de bois à **19** fr. le stère ?

354. Quel est le prix de **786** doubles-décalitres de blé à **4** fr. l'un ?

355. Combien coûteront **3,975** kilogrammes de sucre à **1** fr. **75** le kilogramme ?

356. Un ouvrier gagne **17** fr. **50** par semaine ; combien gagne-t-il dans **34** semaines ?

357. Un employé gagne **85** fr. par mois ; combien gagne-t-il dans l'année ?

358. Quel est le prix d'un tonneau de vin de **345** litres à **0** fr. **35** le litre ?

359. Combien y a-t-il de litres dans **27** tonneaux qui en contiennent chacun **230** ?

360. Un ménage dépense 3 fr. 75 par jour ; quelle est sa dépense pour l'année ?

361. Combien un enfant de 13 ans a-t-il vécu de jours, sachant que l'année est de 365 jours ?

362. Que faut-t-il payer pour 8 pièces de vin à 65 fr. 75 la pièce et 125 litres d'eau-de-vie à 1 fr. 45 le litre ?

363. On a acheté un cheval pour 785 fr. ; quel est le prix de 18 chevaux de même valeur ?

364. Un rentier a dépensé annuellement 2,325 fr. pour l'entretien de son ménage ; combien a-t-il dépensé en tout depuis l'âge de 43 ans jusqu'à 61 ans ?

365. Combien doit-on payer pour 376 mètres de toile à 6 fr. 25 le mètre ?

366. Quel est le prix de 12 pièces de vin de chacune 225 litres à 0 fr. 45 le litre ?

367. Un ouvrier gagne 7 fr. par jour ; combien gagne-t-il dans une année de 309 jours ? *Les dimanches et les fêtes obligatoires sont retranchés des 365 jours.*

368. Un propriétaire a employé, pour défricher un terrain, 45 ouvriers pendant 3 semaines ; combien doit-il payer en tout, sachant qu'il donnait à chacun 3 fr. par jour ?

369. La rame de papier contient 20 mains et la main 25 feuilles ; d'après cela, combien y a-t-il de feuilles dans 53 rames ?

370. Combien coûteront 34 coupons de drap de 56 mètres chacun à 25 fr. le mètre ?

371. Un militaire fait 55 hectomètres à l'heure ; combien fera-t-il d'hectomètres dans 6 journées de 9 heures chacune ?

372. La journée étant de 24 heures, l'heure de 60 minutes et la minute de 60 secondes, dire, d'après cela combien il y a d'heures, de minutes et de secondes dans 17 jours ?

373. En partageant une certaine somme entre 18

personnes, chacune d'elles a eu 248 fr. ; quelle est la somme partagée ?

374. Un propriétaire dépense 17 fr. par jour ; quelle est son économie à la fin de l'année, s'il possède un revenu de 8,000 fr. ?

375. Un cheval fait 54 pas par minute ; combien en fait-il en 4 heures ?

376. Un ouvrier fait 17 mètres d'ouvrage par jour ; combien fera-t-il de mètres dans 2 mois et 4 jours, le mois ouvrable étant de 26 jours ?

377. Combien coûteront 263 kilogrammes de café à 2 fr. 85 le kilogramme ?

378. Que doit-on payer pour 127 kilogrammes de sucre à 1 fr. 45 le kilogramme, et 96 kilogrammes de savon à 1 fr. 27 le kilogramme ?

379. On achète 126 mètres 55 de drap à 26 fr. le mètre ; combien doit-on payer ?

380. Les économies d'un père de famille sont de 17 fr. 25 par semaine ; quelle somme aura-t-il épargnée à la fin de l'année ?

381. Sur une place publique il y a 19 rangées d'arbres qui en contiennent chacune 45. Combien cette place contient-elle d'arbres ?

382. Un rentier, en mourant, laisse à ses 8 neveux chacun 3,546 fr., et à ses 5 nièces chacune 4,532 fr. Quel était le montant de sa fortune ?

383. Pour défricher un terrain, on a employé 23 hommes à 3 fr. par jour, 19 femmes à 2 fr. 50 par jour et 13 enfants à 1 fr. 25 par jour. Combien a-t-on dépensé pour cet ouvrage, sachant qu'il n'a été terminé qu'au bout de 37 jours ?

384. Un maître de pension a 68 élèves qui lui donnent chacun 35 fr. par mois. Quelle somme aura-t-il reçue au bout de 10 mois ?

385. Quel est le prix de de 167 hectolitres 75 de blé à 17 fr. 45 l'hectolitre ?

386. Le kilogramme d'argent monnayé vaut 200 fr. ; quelle est la valeur de 65 kilogrammes 25 ?

387. Quelle est la valeur de 12 kilogrammes 45 d'or monnayé, sachant que le kilogramme vaut 3,100 fr. ?

388. Un commis, qui a 1,350 fr. d'appointements par an, dépense 2 fr. 75 par jour. Quelle sera son économie à la fin de l'année ?

389. Un boucher a acheté 117 moutons à 23 fr. 75 l'un. Combien doit-il payer ?

390. On a acheté 345 mètres de toile à 4 fr. 25 le mètre, et on le revend 5 fr. 75. Combien gagnera-t-on en tout ?

390 bis. Un ouvrier a travaillé 68 jours dans un tunnel du chemin de fer ; il gagnait 0 fr. 45 à l'heure. Com-a-t-il gagné en tout, sa journée étant de 11 heures ?

391. Un livre contient 192 pages, chaque page 28 lignes et chaque ligne 37 lettres. Combien ce livre contient-il de lettres ?

392. La douzaine de gerbes de blé donne 72 litres. Quelle sera la quantité de blé fournie par 478 dou-zaines ?

393. Un fermier a récolté 46 charriots de foin pe-sant chacun, en moyenne, 1,775 kilogrammes. Quelle quantité a-t-il rentrée en tout ?

394. Quel est le prix de 168 sacs de farine de 159 kilogrammes à 52 fr. le sac ?

395. Combien doit-on payer pour 87 hectolitres d'avoine à 6 fr. 25 l'hectolitre ?

396. Quel est le prix de 2 tonnes d'huile contenant chacune 112 litres à 1 fr. 45 le litre ?

397. Combien paiera-t-on pour 245 litres d'eau-de-vie de la Rochelle à 1 fr. 55 le litre ?

398. Quel est le prix de 27 pièces de vin de Bourgogne à 95 fr. la pièce !

399. Combien coûtera un porc pesant 67 kilogrammes à 0 fr. 45 le kilogramme ?

400. Un aubergiste a acheté 2,450 litres de vin à 0 fr. 25 le litre ; il le revend 0 fr. 45 le litre; quel est son gain, sachant qu'il doit payer 185 fr. à la régie ?

401. Quel est le prix de 438 kilogrammes de suif à 1 fr. 34 le kilogramme ?

402. Quel est le prix de 129 barils de harengs à 36 fr. le baril ?

403. Je veux échanger une maison estimée 1,954 fr. contre une autre qui vaut 4 fois plus. Combien dois-je rendre pour faire cet échange ?

404. Un terrassier fait 27 mètres de fossés par jour; combien gagnera-t-il en 45 jours de travail, s'il a 0 fr. 15 par mètre ?

405. Un marchand achète 19 pièces de vin à 48 fr. la pièce ; après les avoir payées, il lui reste 286 fr. Combien avait-il en tout ?

406. On a acheté une douzaine de couverts d'argent à 38 fr. 75 l'un. Combien doit-on payer ?

407. La douzaine d'œufs coûte 0 fr. 45 ; quel est le prix de 385 douzaines ?

408. Quel est le prix de 68 kilogrammes 25 de beurre à 1 fr. 65 le kilogramme ?

409. Un voyageur a 65 kilomètres à parcourir; il met 11 minutes par kilomètre. Combien lui faudra-t-il de temps pour arriver à sa destination ?

410. Un fermier a employé 17 moissonneurs pendant 23 jours à raison de 3 fr. 75 par jour. Combien doit-il payer ?

411. La succession d'un père de famille a été partagée entre 6 enfants ; la part de chacun a été de

7,862 fr. et il restait 845 fr. 75. Quel était le montant de la succession ?

412. Combien doit-on payer pour 179 mètres de maçonnerie à **3** fr. l'un ?

413. Combien doit-on payer pour **25** chemises, s'il entre de la toile pour **7** fr. dans chacune et que l'on demande **1** fr. **25** de confection par chemise ?

414. Les réparations d'un pont ont duré **19** jours, et chaque jour on dépensait **128** fr. Quelle est la dépense totale ?

415. Dans une maison il y a **6** croisées de chacune **20** carreaux ; combien faudra-t-il payer pour les faire vitrer si l'on donne **0** fr. **25** par carreau ?

416. Un piéton reçoit **0** fr. **15** par kilomètre ; combien aura-t-il gagné au bout de **18** jours s'il fait régulièrement **52** kilomètres par jour, et quelle sera son économie, s'il a dépensé **72** fr. pendant son voyage ?

417. Combien doit-on payer pour rocher la façade d'une maison, si cette façade contient **65** mètres carrés et que l'ouvrier demande **0** fr. **75** par mètre ?

418. On a coupé un peuplier en trois billes : la première, de cinq mètres, a donné **12** planches ; la deuxième, de quatre mètres, **11** planches, et la troisième, de 3 65 mètres, 9 neuf planches. Quel est le nombre de mètres de planches fournies par ce peuplier?

419. Combien doit-on payer pour un hêtre contenant **28** décistères à **3** fr. **50** l'un ?

420. Quel est le prix de **674** stères d'écailles d'abattage à **6** fr. **75** le stère ?

421. Une maison de commerce dépense **215** fr. **25** par jour pour les frais ordinaires de ses employés. Combien dépense-t-elle par an ?

422. Un menuisier me devait **29** fr. **65** ; il m'a fait

six journées à 3 fr. 50 l'une. Combien me doit-il encore ?

423. Combien doit recevoir un manœuvre qui, dans son année, a cassé sur une route 525 mètres de pierres à 1 fr. 25 le mètre?

424. Un employé de commune reçoit 600 fr. par an; sa dépense journalière est de 1 fr. 50; combien a-t-il économisé à la fin de l'année ?

425. Une personne a acheté 3 pièces de vin à 55 fr. la pièce, et un fût d'eau-de-vie de 147 litres à 0 fr. 85 le litre; combien doit-elle débourser ?

426. Un homme de peine gagne 2 fr. 75 par jour ; combien gagnera-t-il en 13 semaines et 4 jours ?

427. Quel est le bénéfice d'un cabaretier qui achète 2 pièces de vin de chacune 230 litres pour 126 fr. et qui revend le litre 0 fr. 45 ?

428. Combien doit-on payer pour 135 mille de ramilles à 4 fr. 75 le mille ?

429. Un ventilateur fait 620 tours par minute; combien en fait-il en 13 heures ?

430. Quel est le prix de 45 douzaines de couteaux de table à 0 fr. 65 l'un ?

431. Un père laisse, en mourant, une fortune qu'on ne connaît pas ; on sait seulement qu'après avoir payé 75 fr. 80 pour frais funéraires et 3,206 fr. pour divers autres frais, ses 4 enfants ont encore chacun 12,345 fr. Quel était le montant de cette fortune ?

432. Quelle somme a-t-on payée avec 4 pièces de 20 fr., 5 pièces de 10 fr., 12 pièces de 5 fr., 9 pièces de 2 fr., 15 pièces de 1 fr., 7 pièces de 0 fr. 50, 35 pièces de 0 fr. 20, 14 pièces de 0 fr. 10 et 62 pièces de 0 fr. 05 ?

433. Un platrier m'a fait un plafond de 30 mètres carrés 75 à 2 fr. 55 le mètre; combien dois-je lui payer ?

434. Un marchand a acheté 986 mètres 25 de ruban à 0 fr. 75 le mètre ; il le revend 1 fr. 15 ; combien a-t-il dû payer, combien doit-il recevoir et quel sera son bénéfice ?

435. Une batterie d'artillerie tire 128 coups à l'heure ; combien a-t-elle dû tirer de coups en 15 heures ?

436. Un verger contient 87 rangées d'arbres ; combien contient-t-il d'arbres en tout, sachant qu'il y en a 129 dans chaque rangée ?

437. Un maréchal-ferrant a acheté 235 kilogrammes 85 de fer à 1 fr. 15 le kilogramme ; combien doit-il payer ?

438. On a acheté 5 pièces de velours de chacune 30 mètres à 9 fr. 25 le mètre ; combien doit-on payer ?

439. La pièce de 5 fr. pèse 25 grammes ; dire, d'après cela quel est le poids de 1,372 pièces de 5 fr. ?

440. Quel est le poids de 648 pièces de 20 fr., sachant que chaque pièce pèse 6 grammes 45 ?

441. Combien doit-on payer pour 6 caisses de savon pesant chacune 65 kilogrammes à 0 fr. 86 le kilogramme ?

442. Une ménagère achète 2 kilogrammes 50 de riz à 0 fr. 75 l'un, et 1 kilogramme 75 de vermicelle à 0 fr. 85 l'un ; combien doit-elle payer ?

443. Un ouvrage a été fait en 45 jours par 14 ouvriers qui travaillaient 13 heures par jour ; combien aurait-il fallu d'heures à un seul ouvrier pour faire cet ouvrage ?

444. Quel est le prix de 5 douzaines de chapeaux à 13 fr. le chapeau ?

445. Un propriétaire emploie 18 manœuvres à 2 fr. 50 par jour, 15 à 2 fr., 12 à 1 fr. 50 et 6 à 1 fr. ; combien doit-il payer pour tous ces ouvriers à la fin de chaque semaine ?

446. Une borne-fontaine donne 15 litres d'eau à la minute; combien donnera-t-elle de litres par semaine?

447. Deux courriers vont à la rencontre l'un de l'autre : la distance qui les sépare est de 538 kilomè-tres; sachant que l'un fait 12 kilomètres à l'heure et l'autre 10 kilomètres, à combien de kilomètres seront-ils l'un de l'autre au bout de 13 heures?

448. Quel est le prix de trois douzaines de ciseaux de tailleur, à 3 fr. 75 la pièce?

449. Combien y a-t-il d'heures, de minutes et de secondes dans 46 années de chacune 365 jours?

450. Un épicier a acheté un baril contenant 245 harengs pour 21 fr.; il revend les harengs 10 cent. la pièce. Quel est son bénéfice?

4.º DIVISION.

451. 346258 | 2   **452.** 637419 | 3   **453.** 785348 | 5

454. 598760 | 5   **455.** 247626 | 6   **456.** 149835 | 7

457. 4963248 | 8   **458.** 8375490 | 9   **459.** 278394 | 12

460. 204971 | 34   **461.** 528657 | 56   **462.** 289475 | 78

463. 567246 | 91   **464.** 62875 | 234   **465.** 976864 | 356

466. 2587921 | 4253   **467.** 549860 | 76   **468.** 284763 | 932

469. 152874 | 846   **470.** 3469581 | 572   **471.** 4786,32 | 6,65

8

472. 30,246|45,500   *473.* 5,68754|0,32621

474. 32654,00|48,37   *475.* 249,520|0,436

476. 58,257|9,342   *477.* 531,82|643,72

478. 74,2634|0,5246   *479.* 5436|36752

480. 480,278|64327   *481.* 9743,2|37,6

482. 8,9642|24,5500   *483.* 8659,47|6,75

484. 37647,6|45,8   *485.* 328,425|3,148

486. 644,134|24,659   *487.* 5287,9|73,8

488. 7582,64|14,17   *489.* 85,572|17,426

490. 234,69|165,42

491. 78564327 : 857   *492.* 4362571 : 2643
493. 35874263 : 5279   *494.* 652483,7 : 59,536
495. 8752,635 : 4827   *496.* 94583,561 : 3,7845
497. 538,754 : 247,6   *498.* 35792,45 : 0,54326
499. 72635,376 : 0,7638   *500.* 0,36479 : 738

501. Six enfants se partagent la succession de leur père, montant à 45,372 fr. Combien revient-il à chacun ?

502. On a payé 7,824 fr. pour 8 pièces de drap. A combien revient la pièce ?

503. Si le mètre de toile coûte 7 fr., combien en aura-t-on de mètres pour 392 fr. ?

504. Un journalier a gagné 117 fr. en 39 jours. Combien gagnait-il par jour ?

505. Un ouvrier gagne 4 fr. par jour. Combien a-t-il été de jours pour gagner 648 fr. ?

506. Cinq enfants se partagent 785 noix. Combien chacun doit-il en avoir ?

507. Une succession de 37,845 fr. est partagée entre un certain nombre d'héritiers ; chacun a eu 7,569 fr. Quel est le nombre des héritiers ?

508. J'ai acheté une maison pour 7,245 fr.; je dois acquitter cette somme en neuf paiements égaux. Quel sera le montant de chaque paiement ?

509. Une pièce de drap coûte 798 fr. Combien en aura-t-on de pièces pour pour 15,641 fr. ?

510. Un militaire fait 23 kilomètres par jour. Combien mettra-t-il de jours pour se rendre à sa destination, qui est à 299 kilomètres ?

511. On a acheté 86 mètres de drap pour 3,010 fr. A combien revient le mètre ?

512. Si le mètre de drap coûte 27 fr., combien en aura-t-on de mètres pour 1,215 fr.?

513. Un menuisier gagne 780 fr. par an. Combien gagne-t-il par semaine ?

514. Un rentier possède un revenu de 4,380 francs. Combien a-t-il à dépenser par jour ?

515. Dix-sept pièces de toile, de chacune 45 mètres, coûtent en tout 3,825 fr. Quel est le prix de chaque pièce et le prix du mètre ?

516. Vingt-six pièces de vin, de chacune 230 litres, coûtent ensemble 1,794 fr. Quel est le prix de chaque pièce et le prix du litre ?

517. Une futaille d'eau-de-vie de 227 litres coûte 177 fr. 80. Quel est le prix du litre ?

518, Un ouvrier a fait 364 mètres d'ouvrage en 13 jours. Combien en faisait-il par jour ?

519. Une personne charitable donne 476 francs à 28 pauvres de sa commune. Combien revient-il à chacun ?

520. Combien y a-t-il d'années dans 4,745 jours, l'année étant de 365 jours ?

521. Si le kilogramme de sucre se vend 1 fr. 75, combien en aura-t-on de kilogrammes pour 238 fr. ?

522. On a acheté 32 ares de pré pour 928 francs. A combien revient l'are ?

523. Combien aura-t-on d'ares de terrain pour 442 fr., sachant que l'are coûte 17 fr. ?

524. Il a fallu pour 175 fr. de toile pour faire 25 chemises. Combien coûte chaque chemise ?

525. La maçonnerie d'une maison m'a coûté 537 fr. Combien y avait-il de mètres carrés de maçonnerie, sachant que le mètre coûtait 3 fr.?

526. Il y avait 236 harengs dans un baril qui a coûté 23 fr. Quel est le prix d'un hareng ?

527. Un marchand de coutellerie a acheté quatre douzaine de paires de ciseaux de tailleur pour 180 fr. A combien revient la paire ?

528. Un cabaretier a acheté une pièce d'eau-de-vie contenant 245 litres ; combien doit-il vendre le litre pour réaliser une somme de 428 fr. 75 sur le tout?

529. Il vient d'arriver, dans un entrepôt, 254 pièces de vin facturées 19,050 fr. Quel est le prix de chaque pièce ?

530. Un régisseur gagne 4,575 fr. par an ; son économie, chaque année, s'élève à 1,825 fr. Quelle est sa dépense journalière ?

531. Un cafetier a acheté huit glaces pour 3,840 fr. Quel est le prix de chacune ?

532. Une compagnie de 154 ouvriers a reçu 26,334 fr. pour avoir creusé une tranchée d'un chemin de fer. Combien chaque ouvrier doit-il recevoir ?

533. On achète pour 548 fr. une caisse de savon pesant 700 kilogrammes ; la caisse vide pèse 15 kilogrammes. Quel est le prix du kilogramme de savon ?

534. On a donné 251 fr. 75 à une troupe d'ouvriers qui ont reçu chacun 4 fr. 75. Combien étaient-ils d'ouvriers ?

535. Huit ouvriers se sont associés pour exploiter une coupe de bois et ont gagné 3,256 fr. Quel est le gain de chaque ouvrier ?

536. On a payé 92 fr. 40 pour 24 mètres d'étoffe. A combien revient le mètre ?

537. Combien aura-t-on de kilogrammes de marchandise pour 425 fr. 75, si le kilogramme vaut 15 fr. 25 ?

538. La lieue de poste étant de 4 kilomètres, combien y a-t-il de lieues dans 628 kilomètres ?

539. La distance du pôle à l'équateur est de 5 millions 130,740 toises ; on a divisé cette distance en 10 millions de mètres: Quelle est 1° la valeur du mètre en toises et 2° la valeur de la toise en mètres ?

540. Quel est le prix du kilogramme de sucre, si l'on a payé 38 fr. 28 pour 23 kilogrammes 20 ?

541. Une personne dépense 3 fr. 65 par jour ; combien sera-t-elle de temps à dépenser une somme de 171 fr. 55 ?

542. Un bassin peut contenir 72,900 litres d'eau ;

combien une fontaine donnant 45 litres par minute sera-t-elle d'heures à le remplir ?

543. Un épicier a acheté 6,232 kilogrammes 50 de café pour 18,692 fr. 50. A combien revient le kilog. ?

544. Le cent de fagots coûtant 25 fr., quel est le prix d'un fagot ?

545. Un relieur doit brocher 10,000 exemplaires d'un ouvrage en 80 jours ; combien doit-il en brocher par jour ?

546. Un militaire a 253 lieues à faire en 22 jours ; combien doit-il faire de lieues par jour ?

547. On a payé 86 fr. 25 à une troupe d'ouvriers qui devaient recevoir chacun 3 fr. 75 par jour. Combien y avait-il d'ouvriers ?

548. On a payé 199 fr. 75 à 47 ouvriers pour une journée de travail. Combien chaque ouvrier recevait-il par jour ?

549. Un épicier a acheté une caisse de savon qui pèse brut 135 kilog., pour 98 fr. 40 ; la caisse vide pèse 12 kilog. Quelle le prix du kilog. de savon ?

550. On a expédié une caisse de savon pesant 163 kilog., pour 118 fr. 40 ; le kilogramme étant payé à raison de 0 fr. 80, quel est le poids de la caisse vide ?

551. On a payé 1007 francs pour 76 kilogrammes de marchandise ; quel est le prix du kilog. ?

552. Combien a-t-on reçu de kilog. de marchandise pour 734 fr. 50 à 6 fr. 50 le kilog. ?

553. Une personne laisse en mourant une fortune de 79,200 fr. à neuf héritiers qui doivent avoir chacun une égale portion ; quelle sera la part de chacun ?

554. Une succession de 85,475 fr. a été partagée entre un certain nombre d'héritiers qui ont eu chacun 6,575 fr.; quel était le nombre des héritiers ?

555. Une personne a 375 mètres d'ouvrage à faire ; elle en fait 6 mètres par jour ; combien sera-t-elle de temps à faire cet ouvrage ?

556. Combien faudra-t-il d'ouvriers pour faire **221** mètres d'ouvrage, sachant qu'un ouvrier peut en faire **13** mètres ?

557. Une succession de 32,700 fr. doit être partagée entre 4 héritiers ; le premier doit en avoir la moitié ; le second le ½ du reste, le troisième le ⅓ du second reste et le quatrième le reste ; combien revient-il à chacun ?

558. Un rentier a 5,760 fr. de revenu par an ; il veut mettre de côté 1 fr. 75 par jour ; quelle sera sa dépense journalière ?

559. Un propriétaire fait une économie de 857 fr. 75 par an ; quelle est son économie de chaque jour ?

560. Quatre femmes ont acheté 43 kilog. 640 de laine ; quelle est la part de chacune ?

561. Combien aura-t-on de kilogrammes de sucre pour 474 fr. 15, le kilogramme coûtant 1 fr. 45 ?

562. Il faut 1 litre 8 de blé pour ensemencer 1 are de terre ; combien pourra-t-on ensemencer d'ares avec 1,530 litres de blé ?

563. Un cheval fait 16,200 mètres à l'heure ; combien en fait-il par minute ?

564. Un journalier gagne 3 fr. 75 par jour ; en combien de jours aura-t-il gagné 461 fr. 25 ?

565. Un ouvrier a gagné 304 fr. 55 en 93 jours ; combien gagnait-il par jour ?

566. Combien faut-il mettre d'eau dans 225 litres de vin à 0 fr. 45 pour que le mélange revienne à 0 fr. 35 ?

567. Une commune a vendu 873 peupliers qu'elle avait fait planter dans un terrain communal depuis 16 ans, pour 11,349 fr. ; quel est le prix de chaque peuplier et le rapport annuel du terrain ?

568. Combien a-t-on vendu de pieds d'arbres pour 3,555 fr., le prix moyen de chaque arbre étant de 15 fr.

569. J'envoie une somme de 114 fr. 85 à un pépiniériste pour qu'il m'expédie des arbres à fruits de différentes espèces, à 1 fr. 35 la pièce; combien dois-je en recevoir?

570. Combien pourra-t-on faire de chapelets avec 6,454 grains, si chaque chapelet en contient 58?

571. J'ai acheté une pièce de vin contenant 235 litres pour 82 fr. 25; à combien me revient le litre?

572. Combien doit-on me donner de litres de vin pour 155 fr. 25 à 0 fr. 45 le litre?

573. Un chapelier a reçu 345 casquettes pour 1,121 fr. 25; quel est le prix d'une casquette?

574. Le directeur d'un pensionnat a reçu 2,555 fr. pour la pension de ses élèves pendant un mois; combien a-t-il d'élèves si chacun lui donne 35 fr.?

575. Combien chaque élève externe d'une maison d'éducation paie-t-il par mois, si 37 élèves ont donné en tout 444 fr.?

576. Un père de famille gagne 765 fr. par an, sa femme 18 fr. 25 par mois et ses enfants 5 fr. 75 par semaine; combien dépensent-ils par jour s'ils mettent 375 fr. de côté par an?

577. Treize ouvriers ont gagné 1,056 fr. 25 en 25 jours; combien chacun gagnait-il par jour?

578. Une compagnie d'ouvriers a gagné 6,048 fr. dans 56 jours, chaque ouvrier gagnant 4 fr. par jour; quel est le nombre de ces ouvriers?

579. Trente-trois ouvriers ont gagné 4,347 fr. 75; combien ont-ils été de jours pour faire ce gain, chacun recevant 4 fr. 25 par jour?

580. Un sac contient 1836 noix qui doivent être partagées entre 17 enfants; quelle sera la part de chacun?

581. Un jardinier a partagé **221** poires entre plusieurs enfants ; quel était le nombre de ces enfants si chacun a reçu **17** poires ?

582. Un homme fait **115** pas par kilomètre ; combien a-t-il fait de kilomètres lorsqu'il a fait **4,255** pas ?

583. On a payé **1,242** fr. pour **12** pièces de vin de chacune **230** litres ; à combien revient le litre ?

584. Quelle est la contenance de **24** pièces de vin qui ont coûté **1,780** fr. 80 à 0 fr. **35** le litre ?

585. Combien aura-t-on de pièces de vin de **220** litres chacune pour **1,122** fr., le prix du litre étant de 0 fr. **30** ?

586. On a acheté **23** douzaines de mouchoirs pour **179** fr. 40 ; quel est le prix d'un mouchoir ?

587. Combien aura-t-on de douzaines de mouchoirs pour **414** fr. si chaque mouchoir coûte 0 fr. **75** ?

588. Un chef d'atelier paie **183** fr. 30 chaque semaine à ses ouvriers ; quel est le nombre de ses ouvriers, sachant que chacun reçoit 2 fr. **35** par jour ?

589. On a dépensé **7,884** fr. pour entourer de fossés une propriété marécageuse ; combien cet ouvrage a-t-il duré de temps sachant qu'on y a employé continuellement **27** ouvriers qui recevaient chacun 2 fr. par jour ?

590. Combien aura-t-on de mètres d'une certaine étoffe pour **405** fr., à **11** fr. **25** le mètre ?

591. On a acheté **465** mètres de drap pour **10,160** fr.; quel est le prix du mètre ?

592. Une personne achète du sucre et du café en quantité égale pour **20** fr.; combien doit-elle avoir de kilogrammes de chaque façon, le sucre coûtant **1** fr. **75** et le café 3 fr. **25** le kilog. ?

593. On veut acheter du sucre et du café pour **26** fr., en dépensant la même somme pour chaque chose ;

combien aura-t-on de kilog. de chaque espèce si le sucre coûte 1 fr. 30 et le café 3 fr. 25 le kilog.?

594. Combien aura-t-on de doubles-décalitres de blé et d'orge, en quantités égales, pour 66 fr., le blé coûtant 3 fr. 75 et l'orge 1 fr. 75 le double-décalitre?

595. On a acheté 128 stères de bois pour 2,176 fr.; quel est le prix du stère?

596. Combien aura-t-on de stères de bois pour 3,185 fr., le prix du stère étant de 13 fr.?

597. On a acheté un chêne pour 68 fr. 25; combien contient-il de décistères, si chaque décistère a été payé à raison de 5 fr. 25?

598. Un maître de forges a acheté 2,300 bannes de charbon pour 57,500 fr.; quel est le prix de chaque banne?

599. On a acheté 3 douzaines de couperets pour 90 fr.; quel est le prix d'un couperet?

600. Le double-décalitre de noix coûtant 2 fr. 75; combien en aura-t-on de doubles-décalitres pour 184 fr. 25?

5° RÉCAPITULATION SUR LES QUATRE OPÉRATIONS.

601. Combien paiera-t-on pour 675 mètres 85 de drap à 17 fr. 45 le mètre?

602. Un ouvrier a travaillé pendant 47 jours pour acquitter une dette de 152 fr. 75. Combien gagnait-il par jour?

603. Combien doit-on à un ouvrier pour neuf semaines de travail, s'il gagnait 3 fr. 75 par jour?

604. Combien manque-t-il à une personne pour payer 423 fr. 45, si elle n'a que 296 fr. 80?

605. Que doit-on payer pour 236 kilogrammes de sucre, à 1 fr. 45 le kilogramme?

606. Un particulier a acheté trois propriétés : la première coûte 540 fr., la seconde 1,025 fr. et la troisième 930 f. Il a donné sur cet achat un à-compte de 1,800 fr. ; combien doit-il encore ?

607. Quel est le prix de 635 bottes de foin à 0 fr. 65 la botte ?

608. Combien aura-t-on de bottes de foin pour 93 fr. 75, à 0 fr. 75 la botte ?

609. Un propriétaire a récolté 280 bottes de foin dans un pré, 712 dans un second pré et 1,745 dans un troisième ; il en a vendu une première fois 685 bottes et une seconde fois 364. Combien lui en reste-t-il ?

610. Je devais 4,387 fr. 15 ; j'ai donné un à-compte de 1,998 fr. 45. Combien dois-je encore ?

611. Quel est le prix de 1426 stères de bois à 13 fr. 25 le stère ?

612. Combien recevra-t-on de stères de bois pour 1,675 fr. à 12 fr. 50 le stère ?

613. Quel est le prix de 236 bouteilles de liqueurs à 2 fr. 85 la bouteille ?

614. Combien recevra-t-on de bouteilles de liqueurs pour 403 fr. 65 à 3 fr. 45 la bouteille ?

615. Combien y a-t-il de mois dans 13 ans et de jours dans 7 mois ?

616. Un rentier a 7 fr. 85 à dépenser par jour ; quel est son revenu annuel ?

617. Un ouvrier gagne 5 fr. 45 par jour ; sa dépense par mois est de 85 fr. 60 ; quelle est son économie à la fin de l'année ?

618. Un aubergiste a acheté 2,760 litres de vin à 0 fr. 35 le litre ; quel est son gain en le revendant 0 fr. 45, s'il a eu une perte de 68 litres ?

619. Quel est le revenu journalier d'un rentier qui a 3,193 fr. 75 à dépenser par an ?

620. Quelle est la quantité de litres que possède un aubergiste, sachant qu'il a 12 futailles de vin de chacune 225 litres, 3 futailles d'eau-de-vie de chacune 123 litres et 185 litres de liqueurs de différentes sortes ?

621. Quel est le prix de 1,263 hectolitres 75 de blé à 19 fr. 25 l'hectolitre ?

622. Combien paira-t-on pour 877 litres de vin à 0 fr. 65 le litre ?

623. Quel est le prix d'un jardin contenant 426 mètres carrés à 7 fr. 75 le mètre ?

624. Un journalier fait 17 mètres de fossés par jour ; combien en fera-t-il en 68 jours ?

625. Un boucher a vendu 1,245 kilogrammes de bœuf a 1 fr. 35 le kilog. ; combien doit-il recevoir ?

626. Combien coûteront 1,786 mètres 45 de calicot à 1 fr. 55 le mètre ?

627. Combien aura-t-on de mètres de calicot pour 143 fr. 55 à 1 fr. 65 le mètre ?

628. Quel est le prix de 87 caisses d'oranges à 23 fr. 85 la caisse ?

629. Un journalier gagne 4 fr. 25 par jour ; combien gagne-t-il par an ?

630. Une personne doit 5,260 fr. elle donne à compte 837 doubles de blé à 3 fr. 45 l'un, 746 doubles d'avoine à 1 fr. 75 l'un et un billet de 500 fr ; combien doit-elle encore ?

631. Un employé du chemin de fer a 1,200 fr. par an ; il ne dépense que 2 fr. 25 par jour ; quelle sera son économie au bout de 12 ans ?

632. Combien y a-t-il d'années de 365 jours dans 9,490 jours ?

633. A combien revient l'hectolitre de blé, lorsque pour 2,637 fr. 25, on en a 137 hectolitres ?

634. Combien aura-t-on de mètres de ruban pour 293 fr. 25, lorsque le mètre coûte 0 fr. 85 ?

635. Un marchand gagne 1 fr. 17 centimes à chaque mètre de drap qu'il vend ; combien devra-t-il en vendre de mètres pour gagner 1,000 fr. ?

636. Pour tracer un sillon, un laboureur met 8 minutes ; combien lui faudra-t-il d'heures et de minutes pour tracer 34 sillons ?

637. Un marchand a acheté 387 mètres de toile à 3 fr. 95 le mètre ; les frais de transport se sont élevés à 16 fr. 45 ; combien gagnera-t-il s'il la revend 4 fr. 45 le mètre ?

638 Combien doit-on payer pour 19 sacs de café pesant chacun 87 kilogrammes à 3 fr. 75 le kilogramme, s'il y a 2 kilog. 75 de tare à déduire par sac ?

639. Un marchand a acheté 745 mètres de drap pour 13,410 ; il revend le tout pour 13,708 fr. ; combien gagne-t-il par mètre ?

640. On a acheté 1,377 kilogrammes de sucre pour 2,098 fr. 25 ; combien faudra-t-il revendre le kilogramme pour gagner 96 fr. 39 en tout ?

641. Quel est le prix de 764 litres de vin et de 186 litres d'eau-de-vie, le vin étant estimé 0 fr. 43 le litre et l'eau-de-vie 1 fr. 28 ?

642. Un ouvrier gagne 0 fr. 30 centimes par heure combien recevra-t-il au bout de 7 semaines de travail, si sa journée est de 8 heures ?

643. Un fermier emploie 47 moissonneurs pendant une semaine ; 18 ont 3 fr. 75 chacun par jour, 13 ont chacun 3 fr. et les autres 2 fr. 45 ; combien devra-t-il payer en tout ?

644. Quel est le prix de 128 sacs de farine pesant chacun 125 kilog. à 0 fr. 27 le kilogramme.

645. Quelle somme faut-il pour payer 218 ouvriers qui ont chacun 67 jours de travail, si chacun gagnait 4 fr. 35 par jour ?

646. Combien un chapelier doit-il payer pour 19 douzaines de casquettes à 2 fr. 35 la casquette ?

647. Un marchand a acheté 24 pièces de drap de chacune 17 mètres 75, à 13 fr. 25 le mètre ; combien doit-il payer ?

648. Quel est le prix d'un rouleau de toile de 87 mètres 50 à 6 fr. 85 le mètre ?

649. Une personne a occupé 163 ouvriers qui ont gagné chacun 63 fr. 25 pendant un certain temps ; quelle somme faut-il pour les payer ?

650. Combien paiera-t-on pour un verger contenant 1,237 mètres carrés à 1 fr. 95 le mètre carré ?

651. Un homme va à la foire avec 376 fr. 35 ; il ne rapporte que 187 fr. 40 ; combien a-t-il dépensé ?

652. Quel est le prix de 18 tonneaux de cidre de chacun 285 litres à 0 fr. 15 le litre ?

653. Combien aura-t-on de pièces de drap de chacune 23 mètres à 14 fr. le mètre pour 14,752 fr. ?

654. Sur une maison que j'ai achetée 1,950 fr. j'ai déjà payé 136 fr. puis 245 fr. puis 317 fr. et enfin 964 fr., combien dois-je encore ?

655. Combien paiera-t-on pour 227 pièces de calicot de chacune 27 mètres 75, à 1 fr. 35 le mètre ?

656. Pour un lit de plumes, on a pris 13 kilog. 45 de plumes a 3 fr. 85 et une toile qui a coûté 19 fr. 25 ; quel est le prix de ce lit ?

657. Quel est le prix de six douzaines de chaises ordinaires, à 2 fr. 45 la pièce ?

658. Un peintre a mis une boiserie de 17 mètres carrés en couleur ; combien doit-il recevoir si on lui donne 1 fr. 45 par mètre carré ?

659. Quel est le poids de 186 pains de sucre pesant chacun 12 kilogrammes 67 ?

660. Combien doit-on payer pour 274 pains de sucre pesant chacun 13 kilogrammes 23, à 1 fr. 24 le kilog. ?

661. Quel est le prix de 14 douzaines de chapeaux à 11 fr. 55 la pièce ?

662. Combien doit-on payer pour 475 doubles-stères de charbonnette, à 4 fr. 75 le stère ?

663. Un charron a acheté trois hêtres : le premier contient 9 décistères 85, le second 11 décistères 15, le troisième 17 décistères 45. Combien doit-il payer à raison de 3 fr. 25 le décistère ?

664. On a vendu un troupeau de 127 moutons à 17 fr. 35 la pièce. Combien doit-on recevoir ?

665. Quelle est la charge d'une voiture de meunier qui contient 25 sacs de farine de chacun 125 kilog.?

666. Quel est le prix de 167 douzaines d'œufs à 0 fr. 053 chaque œuf ?

667. Combien aura-t-on de kilogrammes de beurre pour 59 fr. 50, à 1 fr. 70 le kilogramme ?

668. Combien recevra-t-on de doubles-stères de bois pour 2,719 fr. à 21 fr. le double-stère ?

669. Quelle somme faudra-t-il payer pour un chargement de 2,346 kilog. de houille à 0 fr. 047 le kilogramme ?

670. Quel est le prix de 43 pièces de foulards qui en contiennent chacune 13 à 2 fr. 45 le foulard ?

671. Combien paiera-t-on pour 13 douzaines et demie de chemises à 4 fr. 75 chaque chemise ?

672. Quelle somme doit-on payer à 27 ouvriers qui ont travaillé pendant 45 jours et 11 heures par jour, à 0 fr. 65 par heure ?

673. Quel est le prix de 138 douzaines de paires de bas à 2 fr. 35 la paire ?

674. Combien peut dépenser par jour une personne qui gagne 1,350 fr. par an ?

675. On a payé 3,562 fr. pour une propriété contenant 137 ares; à combien revient l'are?

676. Combien aura-t-on de doubles-décalitres de blé pour 465 fr. à raison de 4 fr. 25 le double?

677. Quel est le prix de 19 sacs de café pesant chacun 56 kilog., à 2 fr. 75 le kilog.?

678. Combien aura-t-on de douzaines d'œufs pour 90 fr., à 0 fr. 0375 l'œuf?

679. Une pièce de vin de 235 litres coûte 75 francs d'achat, 6 fr. 25 de transport, 2 fr. 45 de droits de régie, 13 francs de droits d'entrée. Quel est le prix du litre?

680. On veut connaître le prix d'un litre de vin, lorsqu'on a payé 1,032 fr. 85 pour 13 pièces de chacune 227 litres?

681. Quel est le prix du double-décalitre de blé, lorsqu'on a payé 562 fr. 50 pour 25 sacs de chacun 6 doubles-décalitres?

682. On a acheté 462 mètres d'étoffe pour 4,273 francs 50; on les a revendus pour 4,966 francs 50. Combien a-t-on gagné par mètre?

683. Combien aura-t-on de kilogrammes de savon à 0 fr. 85 le kilogramme, pour 83 fr. 15?

684. Combien aura-t-on d'hectolitres de blé et d'orge pour 325 fr. 45, si le blé coûte 17 fr. 25 et l'orge 6 fr. 75 l'hectolitre, et qu'on en prenne autant de chaque espèce?

685. Un fermier a vendu 2 paires de bœufs à 245 fr. le bœuf, 2 vaches pour 125 fr. chacune, 3 chevaux, pour chacun 575 fr. et 28 moutons à 17 fr. la pièce; combien doit-il recevoir?

686. Pour acquitter une dette, un propriétaire a vendu 27 hectolitres de blé à 23 fr. 75, 35 hectolitres d'avoine à 8 fr. 75 et 6 mille kilog. de foin à 97 fr. l'un; quel était le montant de cette dette?

687. Combien faut-il de sacs pour contenir 47 hectolitres 50 de blé, si chaque sac en contient 1 hectolitre 25?

688. Que doit-on payer à 16 ouvriers qui ont travaillé pendant 3 semaines et 2 jours chacun, si chaque ouvrier gagnait 3 fr. 45 par jour?

689. Combien paiera-t-on pour les droits d'entrée de 64,250 mètres d'étoffe à 1 fr. 75 par mètre?

690. Combien faudra-t-il de bouteilles contenant 0 litre 85, pour contenir le vin d'un tonneau de 245 litres?

691. Quel est le prix de 34 sacs de farine de chacun 125 kilog., à 0 fr. 37 le kilogramme.

692. Combien doit-on payer pour 187 kilog. de fer, à 0 fr. 86 le kilogramme?

693. On a eu 3845 tuiles pour 134 fr, 575; à combien revient la tuile?

694. Combien gagnait par heure un ouvrier qui a reçu 103 fr. 95 pour 27 journées de 11 heures?

695. Combien paiera-t-on pour 17 quintaux 75 de houille à 3 fr. 85 le quintal?

696. Quel est le prix de trois charriots de foin contenant chacun 164 bottes de chacune 10 kilogrammes à 0 fr. 65 la botte?

697. J'ai reçu 2345 fr, pour les 0,3 d'une succession; quel était le montant de cette succession?

698. Combien devra-t-on payer pour 78 douzaines d'assiettes à 0 fr. 13 centimes la pièce et combien gagnera-t-on en les vendant 0 fr. 15, si l'on en casse 23?

699. Si l'on gagne 0 fr. 35 par mètre de toile; combien faudra-t-il en vendre de mètres pour gagner 425 fr. 75?

700. Combien a-t-on récolté de doubles-décalitres de blé dans 47 hectares 65, si chaque hectare donnait 63 doubles 45, terme moyen?

9

6ᵈ SYSTÈME MÉTRIQUE.

701. J'ai acheté une première fois 46 mètres de toile, une seconde fois 69 mètres, une troisième fois 6 mètres, une quatrième fois 32 mètres et une cinquième fois 29 mètres ; combien ai-je acheté de mètres en tout ?

702. Un particulier a 4 propriétés : la première contient 127 ares, la seconde 319 ares, la troisième 75 ares et la quatrième 802 ares ; quelle est la contenance totale de ces propriétés ?

703. Une petite propriété attenant à ma maison renferme un potager de 246 mètres carrés, une pièce d'eau de 156 mètres carrés, un verger de 457 mètres carrés et une chenevière de 742 mètres carrés ; quelle en est la contenance ?

704. Une coupe a donné 5643 stères de bois, une seconde 8437 stères et une troisième 3248 stères ; combien les trois coupes ont-elles donné en tout ?

705. On a conduit une première fois 64 mètres cubes de pierres sur un chemin, une deuxième fois 236, une troisième fois 742 et une quatrième fois 37 ; combien a-t-on conduit de mètres en tout ?

706. Une futaille contient 217 litres de vin, une seconde 185, une troisième 118 et une quatrième 286 ; combien les quatre futailles contiennent-elles en tout ?

707. On a fait 3 pesées : la première de 42,536 ; grammes, la seconde de 7345 grammes et la troisième de 640 grammes ; quel est le total des trois pesées ?

708. J'ai acheté un cheval pour 765 fr., une vache pour 146 fr., un poulain pour 112 fr, et un mouton pour 36 fr.; combien dois-je payer en tout ?

709. Un rouleau de papier en contenait 127 mètres, on en a coupé 69 mètres; combien en reste-t-il ?

710. On avait une propriété contenant 126 ares ; dans le tracé d'une route on a pris 37 ares de cette propriété; combien contient-elle encore ?

711. Un menuisier avait 745 mètres carrés de plancher à faire; il en a déjà fait 367 mètres; combien en reste-t-il encore à faire ?

712. Une coupe de bois contenait 2345 stères de rondin; on en a déjà enlevé 1426 stères; combien en reste-t-il?

713. Un cantonnier avait 172 mètres cubes de pierre à casser; il lui en reste encore 83 mètres cubes; combien en a-t-il cassé de mètres ?

714. Une caisse de marchandises pèse 33,478 grammes; la caisse seule pèse 4330 grammes; quel est le poids de la marchandise ?

715. Un tonneau contenait 272 litres de vin : on en a tiré 183; combien en reste-t-il ?

716. Un père de famille a acheté pour 127 fr. de blé : il a donné 69 fr. à-compte; combien doit-il encore.

717. Quel est le prix de 425 mètres de drap à 13 fr. 75 le mètre?

718. Combien doit-on payer pour un pré contenant 27 ares, à 45 fr. l'are?

719. Combien doit-on payer pour la peinture d'une boiserie contenant 37 mètres à 1 fr, 85 le mètre?

720. Combien doit-on recevoir pour la vente de 734 stères de bois à 11 fr. 35 le stère.

721. On paie 1 fr. 85 par mètre cube pour le transport de la pierre sur un chemin; combien paiera-t-on pour 673 mètres cubes?

722. Quel est le prix d'un tonneau de vin de 245 litres à 0 fr. 45 le litre?

723. Combien doit-on payer pour 367 kilogrammes de laine à 1 fr. 85 le kilogramme?

724. Un homme gagne 4 fr. 25 par jour; combien gagnera-t-il en 67 jours?

725. On a payé 414 fr. 75 pour 79 mètres de toile; quel est le prix du mètre?

726. Une propriété contenant 36 ares a été vendue 2340 fr.; quel est le prix de l'are?

727. Une façade contenant 78 mètres carrés a été rochée pour 58 fr. 50; combien payait-on par mètre?

728. Dans une coupe qui a coûté 7467 fr,, on a eu 786 stères de bois; à combien revient le stère ?

729. Le mètre cube de maçonnerie coûtant 3 fr. 25; combien fera-t-on exécuter de mètres cubes pour 256 fr. 75?

730. Quel est le prix du kilogramme de sucre, si 137 kilogrammes ont coûté 194 fr. 95 ?

731. Un tonneau contenant 247 litres d'eau-de-vie a coûté 303 fr. 81; quel est le prix du litre?

732. On a trouvé, pour la longueur d'un champ, 36 mètres, 5 décamètres 45 ; 17 mètres 67, et 2 décamètres 635; quelle est la longueur totale?

733. Une propriété contient 45 hectares 7 ares, une deuxième 8 hectares 52 ares 5 centiares et une troisième 17 ares 25 centiares; quelle est la contenance des 3 propriétés?

734. Un tas de bois contient 28 stères 5 décistères, un deuxième 187 décistères, un troisième 6 stères 85 centistères et un quatrième 1725 centistères; quelle est la contenance totale des 4 tas?

735. Une pierre a été coupée en **3** morceaux : le premier contient 1 mètre cube 645 décimètres cubes, le second 2 mètres cubes 76 et le troisième 738 décimètres cubes ; quel était le volume de cette pierre ?

736. Une futaille contient 167 litres 60, une seconde 218 litres, une troisième 27 décalitres et une quatrième 3 hectolitres 45 litres; quelle est la contenance des 4 futailles?

737. Un pain de sucre pèse 7 kilogrammes 35, un

second 49 hectogrammes 62, un troisième 936 décagrammes 25 et un quatrième 12,317 grammes; quel est le poids des 4 pains de sucre?

738. Quel est le total de 35 fr. 45, 642 décimes, 9325 millimes et 835 centimes ?

739. Une longueur est de 3685 mètres 45, on veut en retrancher 39 décamètres 85 centimètres; quelle sera la longueur du reste?

740. Dans une propriété de la contenance de 12 hectares, il y a un pré de 73 ares 80 centiares, une chenevière de 12 ares 65, un jardin de 8 ares 35 et une pièce d'eau de 6 ares 45, le reste est en terres labourables; quelle en est la contenance?

741. Une personne avait 150 hectolitres de blé; elle en a vendu 635 doubles-décalitres; combien lui en reste-t-il?

742. Dans un tonneau contenant 65 décalitres de vin, on a tiré 368 litres; combien en reste-t-il?

743. On a retranché 163 mètres carrés d'un jardin contenant 6 ares; quelle en est la contenance actuelle ?

744. Une caisse de marchandise pesait 67 kilogrammes; la caisse seule pesait 57 décagrammes; quel était le poids de la marchandise ?

745. Si le mètre de drap coûte 13 fr. 85; quel est le prix de 4 décamètres 5 ?

746. On donne 0 fr. 15 à un voyageur pour faire 1 kilomètre; combien lui donnera-t-on pour faire 37 myriamètres 4?

747. Quel est le prix de 478 mètres de toile à 0 fr. 58 le décimètre?

748. Quel est le prix de 27 décamètres de ruban à 0 fr. 35 le décimètre?

749. Combien coûteront 25 ares 75 de terrain à 0 fr. 65 le mètre carré?

750. Quel est le prix d'un pré de la contenance de 13 hectares 6352, à 6 fr. 25 le décamètre carré?

751. On a acheté un emplacement de 3 ares 35 pour construire une maison; combien devra-t-on le payer, à raison de 0 fr. 021 le décimètre carré?

752. Quel est le prix de 256 stères de bois à 1 fr. 25 le décistère?

753. Combien doit-on payer un chêne contenant 13 décistères 75 de bois de service, à raison de 52 fr. le stère?

754. Quel est le prix de 13 mètres cubes de chaux ordinaire, à 0 fr. 023 le décimètre cube?

755. Le mètre cube de bois de chauffage a été payé 9 fr. 85; quel est le prix de 245 décastères du même bois?

756. Le litre de vin coûtant 0 fr. 65, quel est le prix de 27 hectolitres 65 du même vin?

757. Combien coûteront 3 kilolitres 25 d'eau-de-vie, à 15 fr. 30 le décalitre?

758. Quel est le prix de 126 litres d'huile à 0 fr. 17 le décilitre?

759. Combien paiera-t-on pour 5 tonneaux contenant chacun 2 hectolitres 35 d'eau-de-vie, à 1 fr. 15 le litre?

760. Quel est le prix de 13 sacs de blé, contenant chacun 1 hectolitre 25, à raison de 4 fr. 35 le double-décalitre?

761. Le décalitre de navette coûtant 2 fr. 75, quel est le prix de 16 mètres cubes de la même navette?

762. Combien coûteront 168 hectolitres d'orge à raison de 75 fr. le mètre cube?

763. Quel est le prix de 374 kilogrammes de sucre, à raison de 0 fr, 018 le décagramme?

764. Le kilogramme d'une certaine marchandise coûte 2 fr. 45; quel est le prix de 536 hectogrammes de la même marchandise?

765. La myriagramme de foin coûte 0 fr. 85; quel est le prix de 17 quintaux métriques du même foin?

766. Quel est le prix de 186 kilogrammes de marchandise à 0 fr. 78 le double hectogramme?

767. On a vendu 3647 mètres 45 de toile pour 16,501 fr. 6625; à combien revient le mètre?

768. On a acheté 47 mètres 25 de drap pour 1,086 fr. 75; à combien revient le décimètre?

769. Quel est le prix du décamètre de tresse, lorsque 647 mètres coûtent 97 fr. 05?

770. Une propriété de la contenance de 427 ares a été vendue pour 10,675 fr.; à combien est-ce l'hectare?

771. Combien coûte le mètre carré de dalles, lorsqu'on paie 1,350 fr. pour 3 décamètres carrés?

772. Combien gagnera-t-on sur 7 hectolitres 45 d'eau-de-vie, à 135 fr. l'hectolitre, si on la vend 0 fr. 14 le décilitre.

773. Combien doit-on payer pour 17,375 kilogrammes de foin, à 35 fr. les 500 kilog.?

774. Quel est le prix de 4385 kilog de houille, à 3 fr. 79 les 100 kilog.?

775. On a acheté 67 kilogrammes de sucre pour 100 fr,; à combien revient le quintal?

776. On paie pour les droits d'entrée d'une marchandise en ville, 6 fr. 35 par 100 mètres: combien paiera-t-on pour 4536 mètres?

777. Il faut 3 mètres 45 de toile pour faire une chemise; combien en faudra-t-il de mètres pour en faire 5 douzaines et demie?

778. On a acheté 35 paquets de plumes de chacun 25 pour 10 fr. 50 et on a tout revendu à 0 fr 018 la plume; combien a-t-on gagné?

779. Un boucher a fourni 23 kilogrammes 75 de

viande à 0 fr. 95 le kilog.: il doit recevoir en échange du pain à 0 fr. 37 le kilog.; combien recevra-t-il de kilog. de pain?

780. Un marchand d'étoffes me devait 87 hectolitres 60 de blé à 23 fr. 75 l'hectolitre; il m'a donné en échange 147 mètres de toile à 5 fr. 25 le mètre et 35 mètres de drap à 25 fr. 35 le mètre; combien me doit-il encore?

781. Une personne a acheté 7 douzaines de foulards à 5 fr. 35 l'un et a donné à-compte une futaille d'eau-de-vie de 185 litres à 2 fr. 15 le litre; combien doit-elle encore ?

782. J'ai vendu 39 hectolitres de pommes de terre à 0 fr. 85 le double-décalitre; combien dois-je recevoir?

783. Un ouvrier me doit 65 fr. 45 et me donne chaque jour un à-compte de 0 fr. 35; combien sera-t-il de jours à acquitter sa dette?

784. Un marchand de vins en a acheté 19 pièces de chacune 245 litres, à 47 fr. 50 l'hectolitre: combien doit-il payer?

785. Le demi-kilog. de pain se paie 0 fr. 175; combien en aura-t-on de kilog. pour 634 fr. 60 ?

786. On a vendu 5 porcs qui pèsent en moyenne chacun 87 kilog. 65, à raison de 1 fr. 15 le kilogramme: combien doit-on recevoir?

787. Un faïencier a acheté 465 douzaines d'assiettes à 0 fr. 035 pièce; combien doit-il les revendre pour gagner 75 fr. 45 sur le tout?

788. Une pièce de drap de 93 mètres 75 a coûté 1320 fr. d'achat et 12 fr. 75 de port; combien faut-il la revendre le mètre pour gagner 186 fr. 25 sur le tout?

789. Une personne a acheté 13 hectolitres 25 de haricots à 4 fr. 85 le double; combien doit-elle payer et combien doit-elle vendre le double pour gagner 28 fr. sur le tout?

790. Combien doit-on payer pour 787 kilog. 35 de marchandise à 2 fr. 15 le kilog?

791. J'ai acheté 145 mètres de toile à 3 fr. 35 le mètre, 29 kilog. 45 de café à 4 fr. 12 le kilog. et 63 mètres de calicot à 2 fr. 20 le mètre; combien dois-je payer?

792. Quel est le prix de deux propriétés contenant chacune 68 ares 40 à raison de 1875 fr. l'hectare?

793. Trois personnes ont à se partager la somme de 148 fr. 75, la première doit toucher 12 fr. et la deuxième 22 fr. avant la troisième; combien revient-il à chaque personne?

794. Combien aura-t-on de kilog. de sucre, de café et de savon pour 178 fr. 50, si on en prend une égale quantité de chaque façon et que le sucre se paie 1 fr 60, le café 3 fr. 50 et le savon 0 fr. 85 le kilog?

795. Quel est le prix de 429 stères 45 de bois de chauffage à 23 fr. 35 le double-stère?

796. Un marchand a acheté 27 pièces de velours de chacune 55 mètres 85, à raison de 4 fr. 55 le mètre; combien doit-il payer?

797. Un cafetier a reçu dans son année 137 fûts de bière de chacun 65 litres, à raison de 23 fr. l'hecto-litre ; combien a-t-il gagné s'il a tout revendu à 0 fr. 175 le demi-litre?

798. Un propriétaire achète du vin en bouteille, à raison de 0 fr. 65 la bouteille; il revend les bouteilles vides à raison de 22 fr. 75 le cent, quel est le prix réel du vin?

799. Un père de famille gagne 7 fr. 25 par jour et dépense 4 fr. 35 pour l'entretien de sa famille; quelle est son économie s'il travaille pendant toute l'année, excepté pendant les 52 dimanches et les 4 fêtes obligatoires?

800. Combien doit-on payer pour 375 rames de papier de chacune **20** mains, chaque main contenant **25** feuilles, à raison de 0 fr. **025** la feuille ?

7° FRACTIONS ORDINAIRES.

801. Quelle est la fraction 3 fois plus grande que $\frac{2}{7}$?

802. Quelle est la fraction 4 fois plus grande que $\frac{1}{12}$!

803. Quelle est la fraction 5 fois plus petite que $\frac{4}{6}$?

804. Quelle est la fraction 6 fois plus petite que $\frac{5}{12}$?

805. Quelle est la fraction 4 fois plus petite que $\frac{8}{9}$?

806. Quelle est la plus simple expression de la fraction $\frac{49}{105}$?

807. Quelle est la plus simple expression de la fraction $\frac{126}{640}$?

808. Quelle est l'expression fractionnaire équivalant à 8 unités $\frac{4}{6}$?

809. Quelle est l'expression fractionnaire équivalant à 17 unités $\frac{5}{7}$?

810. Quel est le nombre fractionnaire équivalant à $\frac{115}{9}$?

811. Quel est le nombre fractionnaire équivalant à $\frac{281}{15}$?

812. Combien y a-t-il d'unités dans la fraction $\frac{84}{12}$?

813. Combien y a-t-il d'unités dans la fraction $\frac{2780}{42}$?

814. Que deviennent les fractions $\frac{1}{8}$ et $\frac{8}{4}$ réduites au même dénominateur ?

815. Que deviennent les fractions $\frac{5}{7}$, $\frac{6}{11}$, $\frac{2}{5}$ et $\frac{9}{13}$ réduites au même dénominateur ?

816. Quel est le total des fractions $\frac{2}{11}$, $\frac{6}{11}$, $\frac{7}{11}$ et $\frac{8}{11}$?

817. Quelle est la somme des fractions $\frac{2}{8}$, $\frac{4}{6}$, $\frac{7}{9}$ et $\frac{6}{12}$?

818. Quelle est la longueur d'un coupon de drap que l'on a coupé en **4** morceaux : le premier de **13**

mètres $\frac{1}{4}$, le second de 16 mètres $\frac{3}{5}$, le troisième de 8 mètres $\frac{5}{7}$ et le quatrième de 11 mètres $\frac{1}{2}$?

819. Quelle est la différence entre les fractions $\frac{5}{12}$ et $\frac{11}{12}$?

820. Quelle est la différence entre les fractions $\frac{5}{6}$ et $\frac{9}{11}$?

821. Un rouleau de toile en contenait 65 mètres $\frac{1}{2}$; on en a coupé 36 mètres $\frac{2}{5}$; combien en reste-t-il?

822. Un cordeau avait 13 mètres $\frac{1}{3}$ de long; j'en ai coupé 3 mètres $\frac{3}{4}$; combien en reste-t-il?

823. Un ouvrier avait 38 mètres d'ouvrage à faire; il en a déjà fait 19 mètres $\frac{5}{6}$; combien lui en reste-t-il encore à faire?

824. Quel est le produit de la fraction $\frac{8}{6}$ par 17 unités?

825. Combien paiera-t-ou pour $\frac{7}{8}$ de mètre de drap à 13 fr. le mètre?

826. Quel est le produit de 28 unités par la fraction $\frac{12}{18}$?

827 Un ouvrier fait $\frac{8}{4}$ de mètre d'ouvrage par heure; combien en fera-t-il de mètres en 38 heures?

828. Quel est le produit de la fraction $\frac{2}{5}$ par la fraction $\frac{7}{9}$?

829. Combien paiera-t-on pour $\frac{5}{7}$ de mètre de ruban à $\frac{4}{5}$ de franc le mètre?

830. Combien doit-on payer pour 23 mètres $\frac{6}{7}$ de toile à 4 fr. $\frac{2}{8}$ le mètre?

831. Quel est le prix de 29 kilogrammes de marchandise, à 7 fr. $\frac{4}{5}$ le kilog.?

832. Combien doit-on payer pour 43 litres $\frac{7}{11}$ de rhum à 4 fr. le litre?

833. Quel est le quotient de la fraction $\frac{13}{16}$ par 6 unités?

834. Quel est le quotient du nombre 25 par $\frac{7}{12}$?

835. Quel est le quotient de la fraction $\frac{2}{8}$ divisée par la fraction $\frac{5}{7}$?

836. Quel est le prix du litre de vin, lorsque 5 litres ont coûté $\frac{12}{16}$ de franc?

837. Combien coûteront $\frac{7}{8}$ de mètre de drap à 11 fr. le mètre?

838. Quel est le prix d'un mètre d'étoffe lorsque $\frac{5}{7}$ de mètre ont coûté 13 fr.?

839. Quel est le prix du kilog. de marchandise, lorsque $\frac{3}{7}$ de kilog. coûtent $\frac{7}{8}$ de franc?

840. Quel est le prix du litre de liqueur, lorsque 7 litres coûtent 16 fr. $\frac{3}{4}$

841. Quel est le prix du mètre de ruban, lorsque 7 mètres $\frac{5}{9}$ ont coûté 13 fr.

842. Quel est le prix d'un kilogramme de marchandise, si 13 kilog. $\frac{1}{5}$ ont coûté 37 fr. $\frac{3}{4}$?

843. Quelle somme doit avoir une personne qui a droit aux $\frac{3}{5}$ d'une succession montant à 7345 fr.

844. Une personne achète 645 kilog. 75 de marchandise, à 3 fr. 25 le kilog.; combien doit-elle payer, si le poids de l'emballage, qui est des $\frac{3}{62}$ du poids total, est compris dans les 645 kilog. 75?

845. Un rouleau de toile de 18 mètres doit être découpé en morceaux de $\frac{2}{3}$ de mètre chacun; combien y aura-t-il de morceaux?

846. Une femme a acheté 7 mètres $\frac{4}{5}$ de drap; elle n'en a employé que 4 mètres $\frac{7}{8}$; combien lui en reste-t-il?

847. Un marchand a vendu les $\frac{5}{6}$ d'une pièce de toile et il lui reste encore 12 mètres $\frac{1}{4}$; combien la pièce contenait-elle de mètres?

848. Quel est le nombre qui est égal à la somme de son $\frac{1}{8}$ et de son $\frac{1}{7}$ plus 7?

849. Un ouvrier a fait les $\frac{2}{11}$ de son ouvrage en 4 jours; combien mettra-t-il de jours pour faire entièrement son ouvrage?

850. Un voyageur a fait 24 kilomètres en 5 heures, un autre 34 en 7 heures; quel est celui qui avance le plus?

851. Si j'avais encore $\frac{1}{2}+\frac{1}{3}+\frac{1}{4}+\frac{1}{6}$ de ce que j'ai dans ma bourse, j'aurais en tout 54 fr.; combien ai-je?

852. On a partagé une certaine somme entre 4 personnes : la première en a eu $\frac{1}{4}$, la seconde $\frac{2}{5}$, la troisième $\frac{2}{7}$ et la quatrième 45 fr.; quelle est cette somme et la part de chaque personne?

853. Un joueur a perdu $\frac{1}{2}$ et les $\frac{2}{5}$ de son argent, il lui reste encore 15 fr. 75; combien avait-il et combien a-t-il perdu?

854. Un propriétaire a acheté une ferme : il en a payé les $\frac{8}{7}$ comptant et il redoit encore 12,460 fr.; quel est le prix de cette ferme et le montant du premier paiement?

855. Un bassin serait rempli en 13 heures par une fontaine, en 17 heures par une seconde et en 18 heures par une troisième; combien les 3 fontaines mettront-elles de temps à le remplir, en coulant ensemble?

856. Avec les $\frac{4}{7}$ de ce que j'ai, je paierais une dette et il me resterait 126 fr.; quel est le montant de cette dette?

857. Un ouvrier fait $\frac{1}{8}$ de mètre d'ouvrage par heure, un second $\frac{2}{5}$, un troisième $\frac{3}{7}$, un quatrième $\frac{5}{9}$ et un cinquième $\frac{4}{11}$; combien mettront-ils d'heures pour faire 56 mètres 75?

858. Un ouvrier fait 2 mètres $\frac{3}{7}$ d'ouvrage par heure; combien mettra-t-il d'heures pour faire 56 mètres $\frac{3}{4}$ du même ouvrage?

859. Il faut $\frac{1}{6}$ de mètre de toile pour faire une serviette; combien faudra-t-il de mètres pour en faire 3 douzaines $\frac{2}{3}$?

860. Quels sont les $\frac{2}{3}$ des $\frac{3}{4}$ de $\frac{4}{5}$ de 105 francs?

861. Un ouvrier fait $\frac{2}{7}$ de mètre d'ouvrage en $\frac{5}{6}$ d'heure; combien fait-il de mètres par heure?

862. On a payé 36 fr. pour faire emplir les $\frac{3}{7}$ d'un tonneau de vin; combien paiera-t-on pour le faire emplir entièrement?

863. Le $\frac{2}{6}$ de ce que j'ai plus 35 fr. est égal à ce que je possède; combien ai-je?

864. Un étang serait rempli en 27 heures par deux ruisseaux; le second le remplirait seul en 41 heures; combien le premier mettrait-il d'heures?

865. Une personne a les $\frac{3}{8}$ de l'argent d'une seconde personne; elles ont ensemble 77 fr.; quelle est la part de chaque personne?

866. Un ouvrier ferait un ouvrage en 8 jours, travaillant 11 heures par jour; un second le ferait en 13 jours, travaillant 9 heures par jour, et un troisième en 15 jours, travaillant 10 heures par jour; combien mettront-ils d'heures à faire cet ouvrage en travaillant ensemble?

867. Quel est le prix de 146 mètres $\frac{3}{4}$ de drap à 15 fr. $\frac{2}{7}$ le mètre?

868. Une futaille contient 168 litres $\frac{5}{7}$ d'eau-de-vie, on veut en tirer 79 litres $\frac{8}{11}$; combien en restera-t-il?

869. Combien aura-t-on de mètres d'étoffe pour 87 fr. $\frac{2}{8}$ à raison de 2 fr. $\frac{6}{13}$ le mètre?

870. Une montre retarde de $\frac{7}{12}$ de minute par heure; si on la met sur l'heure véritable à midi, quelle heure marquera-t-elle 8 jours après à midi?

871. Une fontaine donne 23 litres d'eau en 2 minutes, une autre 47 en 5 minutes, et une troisième 65 en 14 minutes; combien les 3 fontaines mettront-elles de temps pour emplir un bassin contenant 2 mètres cubes?

872. Un ouvrier pourrait faire les $\frac{5}{8}$ d'un ouvrage en 4 heures $\frac{5}{6}$; combien mettra-t-il de temps pour faire cet ouvrage?

873. Une pièce de toile contient encore 35 mètres $\frac{2}{8}$; on en a coupé une première fois 12 mètres $\frac{7}{3}$ et une seconde fois 7 mètres $\frac{4}{7}$; quelle est la contenance de cette pièce?

874. Quel est le prix de 29 kilog. $\frac{3}{5}$ de marchandise à 6 fr. 25 le kilogramme?

875. Une caisse de marchandise pèse 87 kilog. $\frac{1}{28}$; la marchandise seule pèse 78 kilog. $\frac{5}{6}$; quel est le poids de la caisse?

876. On prend 4 mètres $\frac{7}{8}$ d'un morceau d'étoffe contenant 12 mètres $\frac{5}{7}$; combien en reste-t-il?

877. Quel est le prix de 19 kilog. $\frac{4}{6}$ de sucre à 1 fr. $\frac{3}{7}$ le kilogramme?

878. Un voyageur fait 6 lieues en 5 heures; combien d'heures emploiera-t-il pour faire 37 lieues $\frac{1}{2}$?

879. Un ouvrier a fait les $\frac{2}{17}$ d'un ouvrage en $\frac{5}{6}$ d'heure; combien sera-t-il de temps à faire cet ouvrage?

880. Dans 36 journées $\frac{3}{4}$ un ouvrier a gagné 125 fr. 40; combien gagnait-il par jour?

881. Les $\frac{4}{5}$ et les $\frac{6}{7}$ d'une somme font 72 fr.; quelle est cette somme?

882. Combien doit-on payer pour 226 stères $\frac{2}{3}$ de bois, à raison de 11 fr. $\frac{1}{5}$ le stère?

883. Un ouvrier devait recevoir 462 fr. 85 pour faire un ouvrage; il n'en fait que les $\frac{8}{11}$; combien recevra-t-il?

884. Trois ouvriers devaient faire un ouvrage : le premier y a travaillé pendant 22 jours $\frac{1}{3}$, le second pendant 19 jours $\frac{4}{5}$ et le troisième pendant 15 jours $\frac{7}{8}$; combien y ont-ils employé de journées en tout?

885. On a mis 837 bouteilles de vin dans 4 pièces $\frac{1}{6}$; combien chaque pièce en contient-elle?

886. On a payé 247 fr. pour 4 douzaines $\frac{1}{3}$ de chemises; à combien revient la douzaine? la pièce?

887. Une personne avait 736 fr.; elle en a dépensé les $\frac{5}{7}$; combien lui en reste-t-il?

888. On a acheté 29 mètres d'étoffe pour 365 fr.; combien doit-on revendre le mètre pour gagner $\frac{1}{7}$ sur le tout?

889. Deux personnes doivent se partager 480 fr.; la première doit avoir la $\frac{1}{2}$ des $\frac{3}{4}$ des $\frac{2}{7}$ des $\frac{5}{6}$ de cette somme, l'autre le reste; quelle est la part de chaque personne?

890. Que paiera-t-on pour 785 mètres $\frac{2}{3}$, à raison de 7 fr. $\frac{3}{5}$ le mètre?

891. Un écolier avait 17 pages $\frac{4}{7}$ à apprendre : il en a appris une première fois 5 pages $\frac{1}{4}$ et une seconde fois 7 pages $\frac{5}{9}$; combien en a-t-il encore à apprendre?

892. Combien aura-t-on de kilogrammes de marchandise pour 68 fr. $\frac{4}{5}$, si le kilog. coûte 4 fr. $\frac{3}{4}$?

893. Quelle est la fraction décimale équivalant à la fraction ordinaire $\frac{3}{4}$?

894. Quel est le nombre décimal équivalant au nombre fractionnaire 17 unités $\frac{5}{8}$?

895. Quelle est la fraction ordinaire équivalant à la fraction décimale 0,675?

896. Quel est le nombre fractionnaire équivalant au nombre décimal 32 unités 68 centièmes?

897. Un ouvrier fait $\frac{3}{5}$ de mètre d'ouvrage par heure, il travaille 11 heures $\frac{2}{8}$ par jour; combien fera-t-il de mètres en 16 jours $\frac{1}{2}$?

898. Un ouvrier fait 1 mètre $\frac{1}{4}$ d'ouvrage par heure, il travaille 9 heures $\frac{2}{7}$ par jour; combien sera-t-il de jours pour faire 59 mètres $\frac{5}{8}$?

899. Combien doit-on payer pour 5 ballots de marchandise pesant chacun 78 kilog. $\frac{4}{6}$, à raison de 3 fr. $\frac{4}{7}$ le kilog.?

900. Quel est le nombre dont le $\frac{1}{2}$, le $\frac{1}{3}$, le $\frac{1}{4}$, le $\frac{1}{6}$ et les $\frac{5}{6}$ font 194?

8° RÈGLE DE TROIS SIMPLE.

901. Si 39 mètres de drap ont coûté 585 fr., quel est le prix de 25 mètres du même drap ?

902. Un voyageur a fait 630 kilomètres en 15 jours; combien en a-t-il fait dans les 11 premiers jours, s'il marchait régulièrement ?

903. On a eu 12 mètres de drap pour 156 fr.; combien en aura-t-on de mètres pour 442 fr.?

904. 45 ouvriers ont mis 162 jours pour faire un certain ouvrage; combien faudra-t-il d'ouvriers pour faire le même ouvrage en 54 jours ?

905. Un militaire a fait 578 kilomètres en 17 jours; combien mettra-t-il de jours pour se rendre à sa destination qui est encore à 442 kilomètres, supposé qu'il marche toujours également ?

906. Une pièce de vin contenant 270 litres a coûté 115 fr.; quel est le prix d'une autre pièce qui ne contient que 225 litres du même vin ?

907. On gagne 15 fr. par 100 kilogrammes sur une marchandise; combien gagnera-t-on sur 2573 kilogrammes de la même marchandise?

908. Les 312 élèves d'un collége ont dépensé 847 fr. pendant une semaine; combien ont-ils dû dépenser à proportion pendant la semaine précédente, sachant qu'ils n'étaient que 274 ?

909. Un journalier a gagné 81 fr. en 36 jours de travail; combien gagnera-t-il en une année, s'il travaille continuellement, excepté les 52 dimanches et les 4 principales fêtes ?

910. Un ouvrier a gagné 32 fr. en 18 jours; combien aurait-il gagné s'il avait travaillé 7 jours de plus ?

911. Pour le transport de certaines marchandises, on prend 17 fr. par 100 kilogrammes; que doit-on payer pour un chargement montant à 4345 kilog. 75?

912. Une pièce de vin de 213 litres coûte 74 fr. 55,

une autre de 247 litres coûte 93 fr. 86 ; quelle est la plus chère ?

913. Sur 100 fagots que l'on achète, on doit en avoir 4 en sus ; combien en aura-t-on sur un lot de 875 fagots, et combien en tout ?

914. On revend 45,236 fr. une maison qui ne coûtait que 39,500 fr. ; combien gagne-t-on pour 100 sur l'argent que l'on avait déboursé ?

915. On gagne 25 fr. en vendant 100 doubles-décalitres de blé ; combien doit-on en vendre pour avoir un bénéfice de 746 fr.?

916. Un propriétaire a vendu 49 hectolitres 50 de blé pour 794 fr. 50 ; quelle somme aurait-il reçue, s'il en avait vendu 250 hectolitres ?

917. Un fermier a payé 735 fr. pour le fauchage d'une prairie de la contenance de 13 hectares 50 ; combien lui prendra-t-on, aux mêmes conditions, pour 17 hectares ?

918. Une famille composée de 5 personnes a dépensé 45 fr. 75 en 17 jours : combien dépensera-t-elle en une année, dans la même proportion ?

919. Un troupeau de 195 bêtes à laine a rapporté un bénéfice de 1,125 fr. à son propriétaire ; quel aurait été le bénéfice si le troupeau avait été de 347 bêtes?

920. Un coutelier a fait, en 35 jours, 26 douzaines de couteaux qui lui ont été payés 5 fr. 50 la douzaine ; quel sera son gain pendant l'année s'il travaille toujours également ?

921. Une propriété de la contenance de 28 hectares 17 ares 75 centiares a rapporté net 1,976 fr. 35 en un an ; quel serait le revenu d'une autre propriété de même qualité contenant 39 hectares 75 ares?

922. On retient 22 pour 100 à un ouvrier sur le prix de la fabrication d'une marchandise qu'il a gâtée ; quelle somme doit-on lui remettre si la fabrication montait à 1235 fr?

923. Un marchand a gagné 745 fr. 25 sur la vente de 6245 stères de bois; quel aurait été son bénéfice s'il n'en avait vendu que 1,534 stères?

924. Une perche de 4 mètres de hauteur donne 2 mètres 50 d'ombre; quel est la hauteur d'un clocher qui donne en même temps 87 mètres 75 d'ombre?

925. Dans une ville de guerre, 1,708 hommes ont des vivres pour 5 mois; combien doit-on faire sortir d'hommes, si l'on veut faire durer les vivres pendant 7 mois?

926. Pour la façon de 19 chemises on a payé 33 fr. 25; combien devra-t-on payer pour 4 douzaines $\frac{3}{4}$?

927. 45 ouvriers ont gagné 2665 fr. en 13 jours; combien auraient-ils gagné s'ils avaient travaillé pendant 312 jours?

928. En 23 jours, 38 ouvriers ont gagné 1,975 fr. 85; combien 57 ouvriers auraient-ils gagné pendant le même temps?

929. Il faut 39 planches de 33 centimètres de largeur pour faire un plancher; combien faudra-t-il de planches de 24 centimètres pour faire le même plancher?

930. Une fontaine donne 35 litres 25 en 5 minutes; combien donnera-t-elle de litres en 7 heures 48 minutes?

931. Un vaisseau a des vivres pour 850 hommes pendant 45 jours; s'il n'embarque que 675 hommes; combien pourra-t-il tenir de jours en mer avec les mêmes vivres?

932. Il a fallu 7 mètres d'une étoffe de 65 centimètres de large pour faire un habillement; combien faudra-t-il de mètres d'une étoffe de 40 centimètres de large pour doubler cet habillement?

933. Avec 1,536 peupliers on pourrait entourer une pièce de terre si on les plantait à 2 mètres 15 de distance; si on ne les plante qu'à 1 mètre 75; combien en faudra-t-il?

634. Un épicier reçoit une caisse de savon pesant 286 kilogrammes 65 : le savon pèse seul 274 kil.; on lui tient compte de 4 kil. 5 de tare par 100; quel est son gain ou sa perte en kilogrammes sur la totalité?

935. Un ouvrier doit faire 134 mètres d'ouvrage en 19 jours; au bout de 11 jours, il en a déjà fait 83 mètres; aura-t-il terminé l'ouvrage pour le temps fixé, s'il travaille toujours également?

936. La tournée d'un facteur est de 35 kilomètres 4, celle d'un autre facteur de 28 kilomètres 9; le premier a mis 9 heures 35 minutes pour faire sa tournée, le second 7 heures 12 minutes; quel est le meilleur marcheur?

937. Un ouvrier a reçu 62 fr. 25 pour 15 journées de travail; il a reçu une seconde fois 95 fr. 45; combien avait-il travaillé de jours?

938. Un cheval consomme en 7 jours 52 kilog. de foin; combien en consommera-t-il en 13 semaines et 5 jours?

939. Un équipage composé de 75 personnes a des vivres pour 24 jours; combien ces mêmes provisions dureront-elles de jours, si l'équipage est de 100 hommes?

940. Si 2,305 œufs ont coûté 92 fr. 20, quel est le prix de la douzaine?

941. Une marchandise avariée a subi une perte de 17 pour 100, en sorte que sa valeur est diminuée de 5,270 fr.; quel était le prix de cette marchandise?

942. La douzaine de couteaux coûte 5 fr. 75; quel est le prix de 37 couteaux?

943. Une personne doit une somme de 12,700 fr. qu'elle doit verser dans un certain temps; on lui fait une remise de 13 fr. par 1,000 si elle paie comptant; quel sera le montant de cette remise?

944. Un négociant donne 2 fr. 15 aux pauvres lorsqu'il fait un gain de 45 fr.; combien leur donnera-t-il s'il a gagné 1,538 fr.?

945. Deux nombres sont entre eux comme 7 est à 9 ; le plus petit est 2,114 ; quel est le plus grand ?

946. Les 100 kilogrammes de sucre se vendent 185 fr. 50 en second choix et 192 fr. en premier choix ; combien devra payer un épicier qui en prend 76 kil. de la première qualité et 135 kil. de la seconde ?

947. Un ouvrier aurait gagné 1,265 fr. 75 en 273 jours de travail ; mais il a été malade et n'a gagné que 995 fr. ; combien sa maladie a-t-elle duré de jours ?

948. On a acheté 2 coupons de drap de même qualité ; le premier coûte 375 fr. et le second, qui contient 7 mètres de plus coûte 480 fr. ; quelle est la longueur de chaque coupon ?

949. Deux pièces de toile de même qualité ont : la première 45 mètres et la seconde 57 mètres de longueur ; cette dernière coûte 66 fr. de plus que la première ; quel est le prix de chaque pièce ?

950. Les forces de 2 ouvriers sont dans le rapport de 3 à 5 ; si le premier fait 294 mètres 45 d'ouvrage, combien le second en fera-t-il ?

9° RÈGLE DE TROIS COMPOSÉE

951. Pour le transport de 540 kilogrammes de marchandise à 270 kilomètres, on a pris 235 fr. ; combien prendra-t-on pour faire transporter 945 kilog. à 485 kilomètres ?

952. On a demandé 1,257 fr. pour transporter 5,830 kilogrammes à 262 kilomètres ; combien fera-t-on transporter de kilog. à une distance de 350 kilomètres pour 365 fr. ?

953. A combien de kilomètres transporterait-on 1,100 kilog. pour 210 fr., si l'on paie 187 fr. pour 750 kilog. transportés à 23 myriamètres ?

954. Un voyageur, en 15 jours, marchant 12 heures par jour, a fait 810 kilomètres; combien en ferait-il pendant 45 jours et 9 heures par jour, s'il marchait avec la même vitesse?

955. Combien faudrait-il de jours à un voyageur qui marcherait 13 heures par jour, pour faire 560 kilomètres, sachant qu'en 27 jours, et 11 heures par jour, il a fait 148 myriamètres 5?

956. Un militaire a 386 kilomètres à faire pour se rendre à son poste; il voudrait savoir combien il devra marcher d'heures par jour, pour s'y rendre en 12 jours, sachant qu'il peut faire 252 kilom. en 7 jours, marchant 9 heures par jour?

957. Si 32 hommes gagnent 2,176 fr. en 17 jours, travaillant 15 heures $\frac{1}{2}$ par jour, combien 137 hommes en 28 jours, travaillant 13 heures par jour, gagneront-ils?

958. Pour gagner 1,530 fr., 45 ouvriers ont mis 18 jours, et 8 heures par jour; combien 64 ouvriers emploieront-ils de journées de 10 heures pour gagner 2,340 fr.?

959. 13 ouvriers en 16 jours, travaillant 10 heures par jour ont fait un fossé de 45 mètres de long, 2 mètres 50 de large, et 1 mètre 25 de profondeur; combien faudra-t-il d'ouvriers pour faire le même ouvrage en 20 jours, travaillant 4 heures par jour, si ces derniers ont une force double de celle des premiers?

960. Pour la peinture d'une porte de 2 mètres 25 de hauteur et 1 mètre 15 de large, on a payé 12 fr. 45; combien paiera-t-on pour une autre porte de 4 mètres 30 de largeur sur 1 mètre 75 de hauteur?

961. Un robinet coulant pendant 13 jours et 5 heures 25 minutes par jour, a donné 712 litres 30 d'eau; combien en donnera-t-il d'hectolitres en coulant pendant les trois derniers mois de l'année 8 heures $\frac{1}{4}$ par jour?

962. On emploie, pour tapisser une salle, 30 rouleaux de papier peint de 1 mètre 50 de long sur 24 centimètres de large; combien emploiera-t-on de rouleaux de 2 mètres 75 de long sur 30 centimètres de large pour la même salle?

963. Il a fallu 1,800 kilog. de foin pour nourrir 20 bœufs pendant 18 jours; on demande combien il faudrait de kilogrammes pour nourrir, dans la même proportion, 24 bœufs pendant 48 jours?

964. Un courrier, en 18 jours, marchant 16 heures par jour, a fait 1,582 kilomètres; combien lui faudrait-il d'heures par jour pour faire en 32 jours 234 myriamètres?

965. Un ouvrier possède des fonds pour nourrir sa famille pendant 25 jours, en dépensant 4 fr. 75 par jour; mais il ne pourra pas recevoir d'argent avant 34 jours. A combien devra-t-il réduire sa dépense journalière?

966. 26 maçons, travaillant 8 heures $\frac{1}{2}$ par jour, ont construit un mur de 240 mètres de long; quelle serait la longueur d'un autre mur fait par 17 ouvriers de même force et qui travailleraient 13 heures par jour?

967. On a dépensé 1,500 fr. pour nourrir 48 pensionnaires pendant 36 jours; combien dépensera-t-on pour en nourrir 75 pendant 61 jours?

968. On a employé 540 mètres de drap de 1 mètre 60 de largeur pour habiller 225 élèves d'un collége; combien aurait-on employé de drap de 1 mètre $\frac{1}{4}$ de large pour habiller 315 élèves?

969. Un boulanger a fait 800 kilogrammes de pain avec 75 doubles-décalitres de blé de troisième qualité; combien en ferait-il de kilogrammes avec 1,235 doubles-décalitres de deuxième qualité?

970. Un berger a reçu 340 fr. pour avoir gardé un troupeau de 275 moutons et 35 chèvres pendant 260 jours ; combien recevra-t-il pour garder un. autre troupeau de 312 moutons et 52 chèvres pendant 13 mois, sachant que l'on paie la même somme pour chaque espèce de bêtes ?

971. Il faut 34 ouvriers pour faire 102 mètres d'ouvrage en 12 jours, travaillant 8 heures par jour ; combien en faudra-t-il pour faire 580 mètres d'ouvrage dans un terrain 6 fois plus difficile, en travaillant pendant 24 jours et 10 heures par jour ?

972. Une somme de 4,500 fr. placée pendant 5 ans 4 mois a rapporté 1,200 fr.; combien rapportera une somme de 7,300 fr. pendant 8 ans 2 mois ?

973. Pendant combien de temps faudrait-il placer 3,450 fr. pour rapporter 483 fr., sachant que 12,000 fr. ont rapporté 4,320 fr. en 9 ans ?

974. La moisson d'une propriété contenant 48 hectares a exigé 40 ouvriers pendant 12 jours, travaillant 15 heures par jour ; combien faudra-t-il de journées à 36 ouvriers de même force, travaillant 12 heures par jour, pour moissonner une autre propriété de la contenance de 97 hectares 92 ares ?

975. Pour moissonner une propriété de 36 hectares, on a employé 24 ouvriers pendant 10 jours et 12 heures par jour ; combien faudra-t-il d'ouvriers pendant 9 jours et 10 heures par jour pour moissonner une autre propriété de 54 hectares ?

976. Quatre chevaux dont les forces sont représentées par 2, 3, 5, 6, ont traîné une charge de 5,276 kilog.; combien 6 autres chevaux dont les forces sont représentées par 2, 2, 4, 5, 5, 6 en traîneront-ils de kilogrammes ?

977. Pour le transport de 90 caisses de marchandise pesant chacune 110 kilog., on a payé 530 fr.; combien paiera-t-on pour le transport de 250 caisses du poids de 70 kilog. chacune et à une distance double de la première ?

978. Combien ferait-on transporter de caisses de marchandise pesant chacune 140 kilog. pour 840 fr. sachant que pour 120 fr. on en a fait transporter 50 caisses pesant chacune 100 kilogrammes?

979. Un marchand a payé 1,500 fr. pour 25 pièces de vin contenant chacune 235 litres ; quelle somme paiera-t-il pour 17 pièces de même qualité qui ne contiennent chacune que 196 litres 5 ?

980. Quelle sera la contenance de 64 pièces de vin qui coûtent en tout 4,928 fr., si 23 pièces de 230 litres du même vin ont coûté 1,518 fr. ?

981. Combien aura-t-on de pièces de vin de 210 litres pour 540 fr., lorsque 27 pièces de vin de même qualité contenant chacune 252 litres coûtent chacune 54 fr. ?

982. Pour faire un tissu de 15 mètres de long sur 50 centimètres de large, on a employé 18 kilog. de laine ; quelle serait la longueur d'un tissu de 65 centimètres de largeur, que l'on pourrait faire avec 135 kilogrammes de la même laine ?

983. 36 ouvriers ont mis 15 jours pour faire 480 mètres d'ouvrage dont la difficulté est représentée par 3 ; combien 25 ouvriers, travaillant 20 jours, feront-ils de mètres d'un autre ouvrage dont la difficulté est 2 ?

984. 27 manœuvres travaillant pendant 20 jours et 11 heures par jour, ont bêché un champ de 360 mètres de long sur 95 mètres de large ; on demande combien il faudrait de journées de 12 heures à 16 ouvriers pour bêcher une pièce de terre de 540 mètres de long sur 60 mètres de large ?

985. La fenaison d'une prairie de 30 hectares a été faite par 25 ouvriers qui ont travaillé pendant 9 jours et 10 heures par jour ; on demande combien il faudrait de journées de 12 heures à 18 hommes pour faire la fenaison d'une prairie de 22 hectares 76 ares ?

986. Un cultivateur a employé 3 journées de 7 heures pour cultiver une propriété de 134 mètres de long sur 75 mètres de large; combien sera-t-il de jours pour cultiver une autre propriété de 247 mètres de long sur 112 mètres de large, s'il ne travaille que 5 heures par jour?

987. 52 vaches ont donné 7,230 litres de lait en 64 jours; combien, en proportion, aura-t-on de litres de lait de 36 vaches pendant 3 mois $\frac{1}{2}$?

988. Dans une garnison, il y a 1,800 hommes qui ont des vivres pour 4 mois, en donnant 0 kil. 75 à chaque homme par jour; s'il arrive encore 200 hommes et que l'on ne puisse pas avoir de vivres avant 5 mois, à combien devra-t-on réduire la ration journalière de chaque homme?

989. Pour couvrir un toit, on employé 9,765 ardoises de 28 centimètres de long sur 22 centimètres de large; combien aurait-il fallu d'ardoises de 0ᵐ 35 de longueur sur 0ᵐ 30 de largeur pour couvrir le même toit?

990. Dans une ville assiégée, 6,000 hommes ont des vivres pour sept mois, avec une ration de $\frac{3}{5}$ par jour; combien doit-on faire sortir d'hommes pour faire durer les vivres trois mois de plus, si l'on réduit la ration à $\frac{1}{2}$ par jour?

991. Quinze ouvriers travaillant 12 heures par jour ont fait 285 mètres d'ouvrage en 10 jours; combien cinq ouvriers mettront-ils de journées de 9 heures pour faire 175 mètres du même ouvrage?

992. Trois tisserands, en 8 jours, travaillant 10 heures par jour, ont fait 145 mètres de toile; combien 22 tisserands, travaillant pendant 24 jours et 8 heures par jour, en feront-ils de mètres?

993. Il faut 254 briques de 0ᵐ 30 de longueur sur 0ᵐ 18 de largeur pour faire une cloison; combien en emploierait-on de 45 centimètres de long sur 0ᵐ

25 de large pour faire une autre cloison 1 fois $\frac{1}{2}$ plus grande?

994. Pour creuser une tranchée de 500 mètres de long sur 20 mètres de large, on a employé 765 ouvriers pendant 437 jours; quelle serait la longueur d'une autre tranchée de 15 mètres de large, faite par 500 ouvriers en 315 jours, si cette dernière avait une profondeur double de la première?

395. Si 27 hommes ont gagné 326 fr. en 15 jours, quel serait le gain de 19 hommes en 13 semaines ouvrables?

996. Combien faudra-t-il vendre de mètres de toile à 4 fr. 50 le mètre pour payer 59 mètres de drap à 17 fr. 25 le mètre?

997. Une pompe peut vider un réservoir de 4,700 litres en 4 heures $\frac{1}{4}$; combien mettrait-elle de temps pour vider une citerne pleine d'eau et qui a 3 mètres 25 de long, 2 mètres de large et 1 mètre 95 de profondeur?

998. Un maître coutelier a fait, avec 12 ouvriers, en 18 jours, et travaillant 10 heures par jour, 240 douzaines de couteaux; combien en fera-t-il de douzaines en 24 journées de 12 heures avec 9 ouvriers?

999. Une famille de 7 personnes a dépensé en deux mois, pour son entretien et sa nourriture, 295 fr.; quelle sera sa dépense pendant trois mois $\frac{1}{2}$, si elle est augmentée de trois autres personnes?

1000. Un écrivain, en travaillant 7 heures par jour, a fait 252 pages d'écriture en 18 jours; combien lui aurait-il fallu d'heures par jour pour faire en 13 jours 130 pages, en travaillant également?

10° RÈGLE D'INTÉRÊT SIMPLE.

1001. Quel est l'intérêt de 560 fr. pendant 7 ans, placés à 5 pour 100 par an?

1002. Quel capital faudrait-il placer à 5 pour 100 pour rapporter 196 fr. en 7 ans?

1003. A quel taux faudrait-il placer 560 fr. pour avoir 196 fr. d'intérêts au bout de 7 ans?

1004. Pendant combien de temps faut-il placer 560 fr. à 5 pour 100 pour avoir 196 fr. d'intérêts?

1005. Quelle est la somme qui, placée à 5 pour 100 par an, est devenue au bout de 7 ans, capital et intérêts, 756 fr.?

1006. Quel est l'intérêt de 3,200 fr. pendant trois ans, à 4 pour 100 par an?

1007. Pendant combien de temps faut-il placer 4,250 à 5 p. 100, pour avoir une somme de 1,275 fr. d'intérêts?

1008. A quel taux faut-il placer 32,000 fr. pour avoir, au bout de 8 ans 6 mois, 22,240 fr. d'intérêts?

1009. Quel est le capital qui, placé à 3 pour 100 par an, a rapporté en 5 ans 2,420 fr. d'intérêts?

1010. Trouver quelle somme on a dû placer à 4 fr. 50 pour 100 d'intérêts par an, pour recevoir, au bout de 12 ans $\frac{1}{2}$, 12,500 fr., tant capital qu'intérêts.

1011. On a placé 17,000 fr. à intérêts; au bout de 6 ans, on reçoit en tout 22,100 fr.; à quel taux cette somme était-elle placée?

1012. Une personne a placé 45,000 fr. à $4\frac{1}{2}$ pour 100 par an; au bout de combien de temps aura-t-elle 65,000 fr. pour capital et intérêts?

1013. Un négociant achète des marchandises pour 17,200 fr. et les revend pour 23,000 fr. dans le courant de l'année; combien son argent a-t-il rapporté pour 100?

1014. Une personne a emprunté à 4 pour 100, il y a 9 ans, une somme de 7,560 fr.; combien doit-elle verser aujourd'hui pour acquitter sa dette?

1015. J'ai vendu pour 3,740 fr. de blé à un meunier qui, par suite de pertes qu'il a éprouvées, n'a pu me donner cette somme, avec les intérêts à 5 pour 100, qu'au bout 6 ans 2 mois ; combien ai-je dû recevoir en tout ?

1016. Une domestique qui avait 140 fr. par an pour ses gages, se retire au bout de 23 ans, sans en avoir rien dépensé ; elle désirerait savoir quelle rente elle se procurera en les plaçant à 5 pour 100 par an ?

1017. Une personne désire se procurer une rente annuelle de 730 fr. en plaçant son argent à 5 pour 100. Quel capital doit-elle placer?

1018. Quel intérêt donnera un capital de 5,230 fr. placé pendant 4 ans 3 mois et 20 jours au taux de 5 pour 100 par an ?

1019. Une coupe de bois a été vendue une certaine somme ; l'acheteur n'ayant pu payer qu'au bout de 18 mois, a donné 13,975 fr. pour capital et intérêts ; quel était le prix de vente, sachant que les intérêts ont été comptés à 5 pour 100 par an ?

1020. Une somme de 1,200 fr., prêtée le 15 mars, ne doit être rendue que le 25 octobre ; quelle somme devra rendre l'emprunteur, le taux étant à 5 ¼ pour 100 ?

1021. Combien devra-t-on retirer en tout en plaçant une somme de 2,410 fr. pendant 213 jours et à 6 pour 100 par an ?

1022. On a retiré, en 6 ans, un intérêt de 582 fr. 12 d'une somme de 1,764 fr.; à quel taux était-elle placée ?

1023. Un employé a un traitement de 1,200 fr. par an ; quel capital faudrait-il pour lui rapporter la même rente à 4 pour 100 par an ?

1024. Combien valent 9,000 fr., augmentés de leurs intérêts, pendant 17 mois 10 jours, à 4 ¼ pour 100 par an?

1025. Quel est l'intérêt commercial de 590 pour 4 mois 25 jours?

1026. Une personne qui dépense par jour, pour sa nourriture et son entretien, 3 fr. 25, et qui donne 0ᶠ 50 aux pauvres par semaine, désire savoir quel capital elle doit placer à 5 pour 100 pour avoir une rente suffisante pour faire face à ses dépenses?

1027. Un homme partant pour un voyage place, à 4 pour 100, un capital de 23,250 fr.; à son retour, il reçoit pour capital et intérêts la somme de 30,000 fr. Combien a-t-il été de temps absent?

1028. Quelle somme faut-il placer à 5 pour 100 pour avoir une rente annuelle égale à celle de 20,000 fr. placés à 4 $\frac{1}{4}$ pour 100 ?

1029. Quelle somme placée à 6 pour 100 vaut au bout d'un an, capital et intérêts, 13,500 fr. ?

1830. Pendant combien de temps une personne doit-elle laisser 750 fr. à intérêts à 5 pour 100 pour avoir de quoi payer une maison de 1,800 francs avec le capital et les intérêts?

1031. Quelle rente doit-on retirer d'une somme de 1,200 fr. placée à $\frac{1}{2}$ pour 100 par mois, si cette somme est restée à intérêts pendant 4 mois $\frac{1}{2}$?

1032. Quel capital a produit en 5 mois 137 fr. 25 d'intérêts, sachant que ce capital était placé à $\frac{3}{4}$ pour 100 par mois?

1033. Après 12 ans, les intérêts d'un capital étaient égaux à ce capital; à quel taux avait-il été placé?

1034. A quel taux devrait-on placer un capital à intérêts simples, pour que ce capital fût doublé en 16 ans?

1035. Pendant combien de temps devrait-on placer une somme à 8 pour 100, pour retirer, capital et intérêts, le triple de la somme placée?

1036. Combien faut-il d'années à un capital placé à 5 pour 100 et à intérêts simples, pour être doublé?

1037. Un jeune homme, avant d'entrer au sémi-

naire, place à **4 ½** pour **100** un capital qu'on ne connaît pas; on sait seulement qu'après **12** ans il reçoit
en tout **13,860** fr. Quelle somme avait-il placée?

1038. Un particulier achète une propriété pour
7,900 fr. et pense en retirer net un revenu annuel de
430 fr. A quel taux son argent est-il placé?

1039. Un riche propriétaire achète une ferme pour
250,000 fr.; il fait un bail de **6,800** fr. à un fermier et
conserve pour lui une habitation, un jardin, un bois
et quelques autres pièces dont il estime le revenu à
1,950 fr. A quel taux son argent est-il placé?

1040. Un père de famille a trois enfants : l'aîné a
12 ans, le cadet **10** et le plus jeune **8** ans ; il place au
compte du premier **2,000** fr., pour le second **1,900**
fr. et pour le troisième **1,800** fr.; quelle somme au-
ront-ils chacun à leur majorité, si l'argent a été placé
à **5** p. **100** et à intérêts simples?

1041. Un jeune homme touche, pour capital et intérêts simples d'une somme placée à **5** pour **100**, une
somme de **2,800** fr. nécessaire pour l'exonérer du
service militaire; quelle somme avait-on placée lors-
qu'il n'avait que **14** ans, sachant qu'il a **20** ans **9** mois?

1042. Quelle somme faut-il placer à **4** fr. **50** pour **100**
à la naissance d'un enfant, pour qu'il ait à **25** ans, capital et intérêts simples, la somme de **2,150** fr.?

1043. A quel âge a-t-on placé, au profit d'un enfant, la somme de **1,200** fr., sachant qu'il a reçu à
l'âge de **22** ans **2,700** fr. pour capital et intérêts, le
taux étant à **6** pour **100**?

1044. Combien faut-il d'années à un capital placé
à **6** pour **100** et à intérêts simples, pour être doublé?

1045. Quel est l'intérêt simple de **64,200** fr. pendant **57** ans ½, à **4** fr. **25** pour **100** par an?

1046. Quel capital devrait-on placer à **4** pour **100**
pour avoir **5** fr. à dépenser par jour?

1047. Un jeune homme, avant de partir pour le service militaire, place à 5 $\frac{1}{2}$ pour 100 ses économies, montant à 1,250 fr.; quelle somme recevra-t-il, pour capital et intérêts simples, à la fin de son congé de sept ans?

1048. Un marchand, en se mettant dans le commerce, avait 15,206 fr.; au bout de 23 ans, il se retire avec 40,000 fr. A quel taux a-t-il placé ses fonds?

1049. Combien faut-il d'années à un capital de 300 fr., placé à intérêts simples et à 3 pour 100, pour être triplé?

1050. Quel capital doit-on placer à $\frac{3}{4}$ pour 100 par mois, pour avoir 25 fr. à dépenser par semaine?

1051. Le père d'un jeune homme placé dans un collége paie une pension annuelle de 475 fr. pour son fils; pour être débarrassé de l'inquiétude que lui cause chaque année le paiement de cette somme, il veut placer à 4 $\frac{1}{2}$ pour 100 un capital qui lui rapporte chaque année le montant de cette pension. Chercher ce capital?

1052. Quel est l'intérêt simple de 3,600 fr. à 7 pour 100 pendant 12 ans 5 mois?

1053. Un marchand a fait, en 19 ans, un gain de 1,722 mètres de drap à 22 fr. le mètre; si en vendant ces 1,722 mètres il gagnait 8 pour 100, quel revenu annuel pourrait-il se faire en plaçant le montant de sa vente à 5 pour 1000?

1054. Serait-il plus avantageux de placer 5,000 fr. à 5 pour 100 que d'acheter, pour cette somme, une maison dont le loyer s'élève à 268 fr.?

1055. Une personne gagne 2 fr. 25 par jour; elle a en outre une somme de 10,000 fr. placée à 5 pour 100; quel est son revenu annuel et quelle somme placée au même taux produirait tout ce revenu?

1056. Quel capital devrait-on placer à 4 pour 100 pour avoir un revenu de 115 fr. par mois?

1057. Pendant combien de temps faudrait-il prêter à intérêts simples 24,100 fr., pour avoir, capital et intérêts 34,945 fr., le taux étant à 5 pour 100?

1058. Quel est le capital qui placé à intérêts simples et à 4 pour 100 est devenu 14,000 fr. au bout de 17 ans 3 mois?

1059. Quel est l'intérêt de 8,460 fr. pendant 6 ans placés au denier 20?

1060. J'ai acheté une maison pour 2,345 fr.; je ne la paie qu'au bout de 7 ans avec les intérêts simples au denier 25; combien dois-je payer en tout?

1061. Quel est le capital qui placé au denier 20 a rapporté 2640 fr. en 10 ans?

1062. Pendant combien de temps faut-il placer 2,460 fr. au denier 20 pour avoir 1,107 fr. d'intérêts simples?

1063. Quelle est la valeur d'une propriété qui me rapporte annuellement 3,260 fr. supposé que son rapport soit au denier 22?

1064. A quel denier a-t-on placé une somme de 5,635 fr., pour avoir 1,225 fr. de rente en cinq ans?

1065. Serait-il plus avantageux de placer 8,045 fr. à 5 pour 100 par an qu'au denier 22?

1066. J'ai acheté une propriété pour 5,630 fr.; je dois acquitter cette somme en 5 paiements égaux; quelle somme dois-je placer au denier 25 pour avoir en intérêts, de quoi effectuer un paiement chaque année?

1067. Quel est l'intérêt de 4,785 fr. placés au denier 25 pendant 7 ans $\frac{1}{2}$?

1068. Quelle est la somme qui placée au denier 25 pendant 7 ans 6 mois est devenue 6,220 fr. 50, tant capital qu'intérêts?

1069. Pendant combien de temps faut-il placer une somme de 4,785 fr. au denier 25 pour avoir 1,435 fr. 50 d'intérêts?

1070. A quel denier a-t-on dû placer une somme de 4,785 fr. pendant 7 ans 6 mois pour avoir 1,435 fr. 50 d'intérêts ?

1071. J'ai acheté une maison pour 8430 fr., j'ai payé comptant le $\frac{1}{5}$ de cette somme et le reste au bout de 3 ans 5 mois ; quels étaient les intérêts échus, le taux étant à 5 pour 100 ?

1072. Un propriétaire a acheté une prairie pour 9,460 fr., il doit acquitter cette somme en cinq ans, en faisant 5 paiements égaux, non compris les intérêts ; quel sera le montant des intérêts à acquitter en faisant chaque paiement, le taux étant à 5 pour 100 ?

1073. Une personne a acheté une parcelle de bois pour 1,570 fr.; au bout d'un an elle a payé 245 fr. à compte, 6 mois après 380 fr., 4 mois après 175 fr. et le reste 18 mois plus tard ; on demande combien cette personne a dû payer tant capital qu'intérêts, le taux étant à 5 pour 100 ?

1074. Quelle somme faut-il que je place à intérêts, au taux de 5 pour 100, pour avoir 3 fr. 75 à dépenser par jour et pour payer en sus la pension annuelle de mon fils, qui s'élève à 460 fr.?

1075. On a acheté un pré pour 4,000 fr.; la récolte a été vendue 160 fr.; à quel taux a-t-on placé son argent?

11° RÈGLE D'INTÉRÊT COMPOSÉ.

1076. Quel est l'intérêt composé de 400 fr. pendant 3 ans 4 mois à 5 pour 100 par an ?

1077. Quel capital faudrait-il placer à 5 pour 100 et à intérêts composés pour rapporter 70 fr. 76 pendant 3 ans 4 mois?

1078 Pendant combien de temps faut-il placer 400 fr. à intérêts composés pour avoir 70 fr. 7675 d'arrérages, le taux étant à 5 pour 100?

1079. Quelle est la somme qui placée à intérêts composés pendant 3 ans 4 mois, au taux de 5 pour 100, est devenue 470 fr. 76, capital et intérêts?

1080. Quel est l'intérêt composé de 756 fr. pendant 5 ans 3 mois, le taux étant à 5 pour 100?

1081. Que deviendra la somme de 987 fr. 25 placée à intérêts composés pendant 6 ans 7 mois, à 6 pour 100 par an?

1082. Un orphelin reçoit, à sa majorité, 12,534 fr. pour capital et intérêts composés d'une somme qui avait été placée en son nom depuis 12 ans $\frac{1}{2}$; quelle était cette somme, sachant qu'on l'avait prêtée à 4 pour 100 par an?

1083. Pendant combien de temps a-t-on prêté 500 fr. à intérêts composés et au taux de 5 pour 100 pour avoir 107 fr. 75 d'intérêts?

1084. Quel capital a-t-on placé à intérêts composés pendant 4 ans et à 5 pour 100 pour avoir, tant capital qu'intérêts, 911 fr. 64 au bout de ce temps?

1085. Une somme de 2,700 fr., augmentée de ses intérêts composés, est devenue 3215 fr. 75; quelle a été la durée du placement, l'intérêt étant à 6 pour 100?

1086. Un jeune homme a acheté une maison pour 1,345 fr.; il a été 6 ans sans rien donner à compte; combien peut-on lui réclamer après ce temps en lui comptant les intérêts composés à 5 pour 100?

1087. J'ai acheté une propriété pour 7,000 fr.; j'ai donné 2,000 fr. au bout de deux ans, 2,000 fr. au bout de 4 ans et 2,000 fr. au bout de 6 ans; quelle somme dois-je encore si l'on me compte les intérêts composés à 4 pour 100?

1088. Quel est l'intérêt composé d'une somme de 854 fr. placée au denier 25 pendant 4 ans 6 mois?

1089. Quel capital doit-on placer pendant 9 ans au denier 25, pour avoir 1200 fr. d'intérêts composés?

1090. Si l'on plaçait 250 fr. à intérêts composés et au taux de 5 pour 100, le jour de la naissance d'un enfant; quelle somme ce dernier recevrait-il en tout le jour de sa majorité?

1091 Un insouciant nourrit une dette de 425 fr. depuis 12 ans 3 mois; il veut se libérer à cette époque, dire combien il doit en tout, sachant qu'on lui réclame les intérêts composés à 4 fr. pour 100?

1092. Un particulier achète des propriétés pour 4250 fr., au bout de 7 ans, voyant qu'il ne peut rien payer de cette somme, il se décide à les revendre pour le même prix, croyant pouvoir se libérer; dire de quelle somme est son erreur, si on lui réclame les intérêts composés à 5 pour 100?

1093. Une domestique place chaque année 90 fr. de ses gages à intérêts composés au taux de 4 pour 100; quelle somme recevra-t-elle en tout au bout de 13 ans?

1094. Un ouvrier met 14 fr. par mois à la caisse d'épargnes; combien recevra-t-il en tout après 7 ans, sachant que le taux de l'intérêt est à 4 pour 100 et que les intérêts sont capitalisés tous les 6 mois?

1095. Quelle somme faut-il placer à intérêts composés pendant 8 ans et à 5 pour 100 pour pouvoir exonérer un jeune homme du service militaire, la taxe étant de 2,000?

1096. Pendant combien de temps faut-il placer une somme de 400 fr. à intérêts composés et à 5 pour 100, pour avoir 115 fr. d'intérêts?

1097. Combien faut-il de temps à un capital placé à intérêts composés et à 5 pour 100 pour être doublé?

1098. Quel est la différence entre l'intérêt simple et l'intérêt composé de 850 fr. placés pendant 11 ans à 5 pour 100?

1099. Quelle somme devrait-on placer à intérêts

composés pendant 15 ans et à 6 pour 100 pour avoir, tant capital qu'intérêts, 30,000 fr.

1100. Pendant combien de temps faut-il placer 1,250 fr., à intérêts composés et à 6 pour 100, pour avoir 500 fr. d'intérêts?

12° ESCOMPTE LÉGAL OU EN DEDANS.

1101. Quel est l'escompte d'une somme de 780 fr. à 5 pour 100 pour 1 an?

1102. Quel est l'escompte de 1280 fr. pour 8 mois à 6 pour 100 par an?

1103. Trouver l'escompte de 1,975 fr. pour 225 jours à 5 fr. 50 pour 100 par an?

1104. Quelle est au premier janvier la valeur d'un billet de 1,130 fr. payable le 20 juin suivant, l'escompte étant à 6 pour 100?

1,105. Un épicier achète des marchandises pour 545 fr. 75 à 3 mois de crédit; s'il paie comptant, quelle somme doit-il verser, le taux étant à 4 ½ pour 100?

1106. Une personne présente à un banquier un billet de 1,460 fr. payable dans 6 mois 13 jours; quelle somme le banquier devra-t-il payer, le taux étant à 6 pour 100?

1107. Quelle somme doit-on recevoir pour un billet de 1,421 fr. 20 que l'on veut faire escompter, sachant qu'il n'est payable que dans 9 mois, le taux étant à 6 pour 100?

1108. Quelle est la somme qui payable dans 9 mois a donné 61 fr. 20 d'escompte, le taux étant à 6 pour 100?

1109. A quel taux a-t-on escompté une somme de 1,421 fr. 20 payable dans 9 mois, pour avoir 61 fr. 20 d'escompte?

1110. Au bout de combien de temps était l'échéance d'un billet de 1,421 fr. 20 et que l'escompte a réduit à 1,360 fr. le taux étant à 6 pour 100,

1111. Un marchand a acheté du drap pour 2540 fr. à 15 mois de crédit; s'il paie au bout de 7 mois, quelle remise doit-on lui faire, l'escompte étant à 5 fr. 50 pour 100.

1112. On m'a souscrit un billet de 370 fr. payable dans 3 mois 15 jours; désirant avoir de l'argent, je m'adresse à un banquier qui consent à me l'escompter à $6\frac{1}{2}$ pour 100 par an; quelle somme devra-t-il me verser?

1113. On veut payer 735 fr. comptant avec un billet de 864 fr. payable dans 7 mois; combien aura-t-on de reste, le taux étant à 6 pour 100 par an?

1114. Quelle doit être la diminution d'une somme de 2,300 fr. payée 15 mois avant son échéance, si l'on accorde 5 pour 100 d'escompte par an?

1115. J'ai payé 1,275 fr. sur une somme que je devais; quelle était cette somme, si l'on m'a accordé $3\frac{1}{2}$ pour 100 d'escompte?

1116. Un épicier a acheté 250 kilog. de sucre à 1 fr. 75 l'un; s'il paie comptant on lui accorde 4 pour 100 d'escompte; à combien revient le kilog?

1117. Un mauvais payeur me doit 625 fr.; il me promet de me payer sur le champ si je veux lui faire une remise de $7\frac{1}{2}$ pour 100; si j'accepte, combien dois-je recevoir?

1118. Plusieurs héritiers font une vente mobilière montant à 2,560 fr. 25 payables dans 5 mois: le notaire consent à leur escompter cette somme à $6\frac{1}{4}$ pour 100 par an; combien devront-ils recevoir?

1119 J'ai acheté un coupon de bois pour 2890 fr. payables dans 18 mois; si je paie au bout de 11 mois, quelle remise devra-t-on me faire, le taux étant à 5 pour 100 ?

1120. Un marchand a acheté 1,385 mètres de drap à 35 fr. le mètre et à 8 mois de crédit; s'il paie comptant et qu'on lui accorde un escompte de 3 pour 100 par an, quelle somme devra-t-il verser et à combien lui reviendra le mètre?

1121. Un négociant fait une traite de 560 fr. à 4 mois d'échéance, sur un de ses clients; combien le banquier doit-il retenir pour l'escompte de cette traite à 6 pour 100 ?

1122. Un fabricant de coutellerie expédie des lames pour 730 fr.; les frais de transport montant à 17 fr. 25 sont à sa charge, et il accorde, en outre, au marchand, une remise de $2\frac{1}{2}$ pour 100; quelle somme doit-il recevoir net pour cet envoi?

1123. J'ai reçu 76 fr. 80 sur un billet payable dans 125 jours et qui m'a été escompté à 6 pour 100 par an; quel était le montant du billet?

1124. J'ai acheté une propriété pour 1240 fr.; je dois payer cette somme au bout de 10 mois; mais au bout de 3 mois, le vendeur ayant besoin de son argent, m'offre un escompte de 7 pour 100 par an si je veux le payer; si j'accepte sa proposition, quelle somme recevrais-je?

1125. On a retenu 9 fr. 45 d'escompte sur un billet de 429 fr. 45 payable dans 6 mois; quel était le taux de l'escompte par an?

1126. Quel est l'escompte d'une somme de 1344 fr. pour un an au denier 20?

1127. A combien s'élève l'escompte d'un billet de 735 fr. payable dans 6 mois, au denier 17?

1128. A quel denier a-t-on escompté une somme de 2,740 fr. payable dans 12 mois, pour la réduire à 2,609 fr. 52?

1129. Un boulanger doit du blé pour 1,328 fr. à un cultivateur; mais ne pouvant le payer que dans 4 mois, il souscrit un billet à ordre pour ce délai; combien doit-il porter sur le billet, le taux de l'escompte étant au denier 15?

1130. Un boucher a acheté un troupeau de moutons pour 1,800 fr. payables dans 4 mois ; s'il paie au bout de 40 jours, quelle remise devra-t-on lui faire, l'escompte étant pris au denier 20 ?

1131. Quel est l'escompte d'un billet de 245 fr. 50 pour 155 jours au denier 18 ?

1132. Quel était le montant d'un billet payable dans 86 jours, escompté au denier 25 et qui a été réduit à 326 fr. ?

1133. Que devient une traite de 196 fr. payable dans 90 jours et escomptée au denier 22 ?

13° ESCOMPTE COMMERCIAL OU EN DEHORS.

1134. Quel est l'escompte d'une somme de 870 fr. à 5 pour 100 par an ?

1135. Quel est l'escompte de 1,820 fr pour 8 mois à 6 pour 100 par an ?

1136. Trouver l'escompte de 1,795 fr. pendant 235 jours à $5 \frac{1}{2}$ pour 100 par an ?

1137. Quelle est, au 15 mars, la valeur d'un billet de 1,200 fr. payable le 25 novembre suivant, l'escompte étant à 6 pour 100 par an.

1138. Un épicier achète des marchandises pour 675 fr. 45 payables dans 3 mois ; s'il paie comptant, quelle somme doit-il verser, l'escompte étant à 4 fr. 50 pour 100 par an ?

1139. Une personne présente à un banquier un billet de 1640 fr. payable dans 6 mois 13 jours ; quelle somme le banquier devra-t-il payer, l'escompte étant à 6 pour 100 ?

1140. Quelle somme doit-on recevoir pour un billet de 1,325 fr. 40 que l'on veut escompter, sachant qu'il n'est payable que dans 9 mois, l'escompte étant compté à 6 pour 100 ?

1141. Quelle est la somme qui, payable dans 9 mois, a donné 72 fr. d'escompte au taux de 5 $\frac{1}{2}$ pour 100 par an?

1142. A quel taux a-t-on escompté une somme de 590 payable au bout de 7 mois, pour la réduire à 569 fr. 35.

1143. Au bout de combien de temps était l'échéance d'un billet de 590 fr. et que l'escompte a réduit à 569 fr. 35, le taux étant à 6 pour 100 par an?

1144. Un marchand a acheté du drap pour 3540 fr. payables à 15 mois de crédit; s'il paie au bout de 5 mois, quelle remise doit-on lui faire, l'escompte étant à 5 fr. 50 pour 100?

1145. On m'a souscrit un billet de 730 fr. payable dans 3 mois 15 jours; désirant avoir de l'argent, je m'adresse à un banquier qui consent à me l'escompter à 6 $\frac{1}{2}$ pour 100 par an; quelle somme doit-il me verser?

1146. On veut payer 645 fr. comptant avec un billet de 730 fr. payable dans 8 mois; combien restera-t-il, l'escompte étant à 6 pour 100 par an?

1147. Quelle doit être la diminution d'une somme de 2435 fr. payée 15 mois avant son échéance, si l'on accorde 5 pour 100 d'escompte par an?

1148. J'ai payé 1725 fr. sur une somme que je devais; quelle était cette somme si l'on m'a accordé 3 $\frac{1}{4}$ d'escompte pour 100 par an?

1149. Un épicier a acheté 375 kilog. de sucre à 1 fr. 75 le kilog.; s'il paie comptant on lui accorde 3 pour 100 d'escompte, à combien revient le kilogramme?

1150. Une personne qui me doit 975 fr. promet de me payer sur le champ si je lui fais une remise de 2 $\frac{1}{2}$ pour 100; si j'accepte, combien recevrais-je?

1151. Un cultivateur vend son train de culture pour 3,875 fr. payables dans 8 mois; le notaire consent à escompter cette somme à 5 pour 100 par an; à combien la somme sera-t-elle réduite?

1152. J'ai acheté un lot de bois pour 2,540 fr. payables dans 15 mois ; si je paie au bout de 5 mois, quelle remise devra-t-on me faire, le taux étant à 6 ⁴/₇ pour 100 ?

1153. Un marchand a acheté 1,200 mètres de drap à 28 fr. le mètre et à 7 mois de crédit ; s'il paie comptant et qu'on lui accorde une remise de 3 ¹/₂ pour 100 ; quelle somme devra-t-il verser et à combien lui reviendra le mètre ?

1154. Un négociant fait une traite de 730 fr. sur un de ses clients ; combien le banquier doit-il retenir d'escompte au taux de 6 pour 100, l'échéance étant à 90 jours ?

1155. Un taillandier expédie des outils pour 1,325 fr.; les frais de transport montant à 23 fr. 75 sont à sa charge et il accorde, en outre au marchand, une remise de 3 pour 100; quelle somme doit-il recevoir pour cet envoi ?

1156. J'ai reçu 92 fr. 25 sur un billet payable dans 135 jours et qui m'a été escompté à 6 pour 100 par an; quel était le montant de ce billet?

1157. J'achète une propriété pour 1,210 fr. payables dans 11 mois ; au bout de 6 mois, le vendeur ayant besoin d'argent, m'offre 7 pour 100 d'escompte si je veux le payer ; si j'accepte, quelle somme recevrai-je ?

1158. Quel est l'escompte d'une somme de 665 fr. pour un an au denier 20 ?

1159. A combien s'élève l'escompte d'un billet de 745 fr. payables dans 7 mois au denier 17?

1160 A quel denier a-t-on escompté une somme de 7,240 fr. payable dans 6 mois, pour la réduire à 7,059 ?

1161. Un boulanger doit du blé pour 1,600 fr à un cultivateur; mais ne pouvant le payer que dans 5 mois, il souscrit un billet à ordre pour ce temps ; quelle somme doit-il porter sur le billet, si l'on prend l'escompte au denier 16?

1162. Un boucher achète un troupeau de moutons pour 2,310 fr. payables dans 5 mois; s'il paie au bout de 70 jours, quelle remise devra-t-on lui faire, l'escompte étant pris au denier 22?

1163. Quel est l'escompte d'un billet de 360 fr. pour 180 jours, au denier 18?

1164. Quel était le montant d'un billet payable dans 112 jours, escompté au denier 25 et qui a été réduit à 426 fr?

1165. Que devient une traite de 175 fr. payable dans 75 jours et escomptée au denier 19?

1166. Quel est l'escompte d'un billet de 500 fr. payable dans 2 ans 1 mois 13 jours au denier 25?

14° RENTES SUR L'ÉTAT, ASSURANCES, PRIMES, ETC.

1167. Quel est le capital qui rapporte $4\frac{1}{2}$ de rente, lorsque 100 fr. rapportent 5 fr.?

1168. Quel est le capital qui rapporte 3 fr. de rente lorsque 100 fr. rapportent 5 fr.?

1169. En achetant des rentes à $3\frac{1}{2}$ pour 100 au cours de 69 fr. 50, à quel taux réel place-t-on son argent?

1170. A quel taux réel place-t-on son argent en achetant des rentes à $4\frac{1}{2}$ pour 100 au cours de 95 fr. 25?

1171. Quel est le meilleur placement d'acheter des rentes 5 pour 100 au cours de 118 fr. 80 ou des rentes 3 pour 100 au cours de 83?

1172. Si le $4\frac{1}{2}$ pour 100 baisse de 3 fr. 25, quelle doit être la baisse proportionnelle du $3\frac{1}{2}$ pour 100?

1173. Quand la rente 5 pour 100 est à 112 fr. 50, quel doit-être le cours proportionnel de la rente 4 pour 100?

1174. Le cours de la rente 4 $\frac{1}{2}$ pour 100 étant à 97 fr. 50, quelle somme devrait-on verser pour avoir 1,500 fr. de rente ?

1175. On a payé 52,916 fr. 66 pour avoir 2,500 fr. de rente 4 $\frac{1}{2}$ pour 100 ; quel était le cours de la rente ?

1176. Une personne a acheté pour 4,300 fr. de rentes 3 $\frac{1}{2}$ pour 100 au cours de 83 et les a revendues au cours de 85 fr. 25 ; quel a été son bénéfice ?

1177. J'ai revendu des rentes 4 $\frac{1}{2}$ pour 100 au cours de 95 ; je les avais achetées au cours de 95 fr. 65 ; quelle a été ma perte, si j'en avais pour 1,750 fr.?

1178. Une personne paie 0 fr. 45 par 1,000 pour l'assurance d'une maison estimée 7,860 fr.; à combien se monte la prime d'assurance?

1179. La cargaison d'un navire estimée 845,000 fr. est assurée moyennant 3 $\frac{1}{4}$ pour 100 ; s'il ne survient pas d'accident, quel sera le bénéfice des assureurs?

1180. Une maison estimée 13,000 fr. est assurée à raison de 0 fr. 65 par 1,000 ; quelle est la prime d'assurance ?

1181. On paie 4 fr. 75 de prime pour l'assurance d'une maison à 0 fr. 50 par 1,000 ; quelle est la valeur de cette maison ?

1182. On donne 1,440 fr. pour l'assurance de diverses marchandises à 4 pour 100 ; quelle est la valeur de ces marchandises ?

1183. Des marchandises estimées 36,000 fr. ont été assurées pour 1,080 fr.; quelle est la prime d'assurance par 1,000?

1184. La cargaison d'un vaisseau estimée 1,200,000 fr. a été assurée à 4 $\frac{1}{2}$ pour 100 ; il y a eu des avaries pour 355,000 fr.; quelle est la perte des assureurs?

1185. Une usine assurée pour 7,000 fr. est estimée 140,000 fr.; quelle est la prime par 100?

1186. En assurant une certaine somme à 5 pour 100 et en déduisant la prime de cette somme, il reste 133,000 fr.; quelle est la somme assurée?

1187. Des récoltes estimées 8,460 fr. ont été assurées à $3\frac{1}{2}$ pour 100; la grêle a occasionné une perte des $\frac{2}{3}$; quelle est la perte de la compagnie d'assurances?

1188. La récolte d'une prairie estimée 17,340 fr. a été assurée à 2 pour 100 contre les inondations; le $\frac{1}{4}$ de la récolte ayant été gâté; quelle est la perte des assureurs?

1189. On a assuré 940 pièces de vin de Bordeaux à 175 fr. la pièce, à raison de $2\frac{1}{2}$ pour 100; si aucun accident n'arrive pour le transport de ce vin, quel sera le gain des assureurs?

1190. On assure une maison de ferme estimée 50,000 fr. à 0 fr. 55 par 1,000; quelle est la prime d'assurance?

1191. Un courtier reçoit 4 fr. 50 par 1,000 sur le prix de la vente de certaines marchandises; dans l'espace d'un mois il a vendu pour 245,830 fr.; quel est son gain?

1192. La mise à prix d'une adjudication s'élevait à 6,230 fr., un soumissionnaire fait 13 pour 100 de rabais; à combien se trouve réduite la mise à prix?

1193. On a fait un rabais de 584 fr. sur la mise à prix d'une adjudication s'élevant à 7,300 fr.; de combien pour 100 était ce rabais?

1194. La mise à prix d'une adjudication a été réduite à 6,716 fr., en faisant 8 pour 100 de rabais; quel était le montant de cette mise à prix?

1195. Un courtier qui avait $2\frac{1}{4}$ pour 100 sur le prix de vente d'une marchandise a reçu 3,715 fr.; quel a été le montant de sa vente?

1196. Un commissionnaire a reçu 219 fr. 50 pour la vente de 17,560 fr. de marchandises; combien avait-il pour 100?

1197. Si 3 ½ de rente se paient 81 fr. 75 ; combien se paieront 650 fr.?

1198. Quelle est la prime d'assurance d'une église estimée 245,000 fr. à 0 fr. 25 par 1,000?

1199. J'ai acheté pour 1,300 fr. de rente 4 ½ pour 100 quand le cours était à 92 fr. 75 ; combien ai-je dû débourser?

1200. A quel taux réel place-t-on son argent, quand on achète des rentes 5 pour 100, au cours de 107 fr. 95 ?

15° RÈGLE DE TROC.

1201. Combien aura-t-on de mètres de toile à 6 fr. 75 l'un pour 360 mètres de drap estimé 25 fr. 45 le mètre?

1202. Combien devra-t-on donner d'ares de terres labourables pour 5 hectares 36 ares de pré, sachant que les terres sont estimées 22 fr. l'are et les prés 57 fr.?

1203. Combien aura-t-on de litres de vin à 0 fr. 35 le litre, pour 2 pièces d'eau-de-vie de chacune 245 litres à 1 fr. 45 le litre?

1204. Un marchand a du drap qu'il vend 17 fr. le mètre ; en échange, il en veut 18 fr. 75 ; combien un marchand qui vend de la toile 4 fr. 75 le mètre, doit-il augmenter son prix en proportion?

1205. Combien aura-t-on de kilogrammes de sucre à 1 fr. 55 l'un pour 87 kilog. 75 de café à 3 fr. 25 le kilogramme?

1206. Un cultivateur veut échanger 235 hectolitres de blé à 18 fr. 75 l'un, contre de l'orge à 9 fr. 35 l'hectolitre ; combien en recevra-t-il d'hectolitres?

1207. Deux fermiers veulent faire un échange ; le premier a des bœufs qu'il estime 350 fr. l'un, le second a des chevaux du prix de 560 fr. chacun ; si le premier fermier donne 8 bœufs, combien recevra-t-il de chevaux en retour?

1208. Un cultivateur veut échanger 1260 bottes de paille à 0 fr. 36 la botte, contre du foin à 1 fr. 10 la botte ; combien recevra-t-il de bottes de foin?

1209. Un vigneron échange 6 pièces de vin de 230 litres chacune, à 0 fr. 25 le litre contre du blé estimé 3 fr. 75 le double-décalitre ; combien recevra-t-il de doubles-décalitres de blé?

1210. Un boucher échange du bœuf à 0 fr. 45 le demi-kil. contre du porc estimé 1 fr. 30 le kilogramme ; combien aura-t-il de kilog. de porc pour 87 kil. de bœuf?

1211. Un coquetier va au marché avec 126 douzaines d'œufs qu'il pense vendre 0 fr. 75 la douzaine; il casse 73 œufs en route ; combien devra-il vendre le reste pour avoir la même somme?

1212. Combien aura-t-on de litres d'huile à 1 fr. 25 le litre pour 7 hectolitres de navette à 5 fr. 85 le double-décalitre?

1213. Un marchand échange du drap à 15 fr. le mètre contre du blé à 4 fr. 25 le double-décalitre ; combien aura-t-il de doubles-décalitres de blé pour 17 mètres de drap?

1214. Combien une mère de famille aura-t-elle de mètres de toile à 3 fr. 45 le mètre pour 29 kilog. de beurre à 1 fr. 75 le kilog., 17 douzaines d'œufs à 0 fr. 65 la douzaine et 8 volailles à 1 fr. 15 la pièce?

1215. On veut échanger du bois de chauffage à 14 fr. le stère contre du blé à 19 fr. 25 l'hectolitre; combien aura-t-on de stères de bois pour 23 hectolitres 75 de blé?

16° TITRES ET VALEURS DES MONNAIES ET AUTRES ARTICLES D'OR ET D'ARGENT.

1216. Le franc en argent pèse 5 grammes ; d'après cela, dire la valeur du kilogramme d'argent monnayé ?

1217. Toutes les monnaies françaises (or et argent) étant au titre de $\frac{9}{10}$; quelle est la valeur d'un kilog. d'argent pur ?

1218. Le prix de fabrication d'un kilogramme d'argent étant fixé à 2 fr., quelle est la valeur de 6 kilog. 525 d'argent au titre des monnaies et non-monnayé ?

1219. Quelle est la valeur d'un kilogramme d'argent pur destiné à être monnayé ?

1220. Quelle est la valeur d'un kilog. d'or monnayé, sachant que l'or vaut 15 fois $\frac{1}{2}$ plus que l'argent ?

1221 Quelle est la valeur réelle d'un kilogramme d'or pur

1222. Le prix de fabrication d'un kilogramme d'or étant fixé à 6 fr., quelle est la valeur de 3 kilog. 45 d'or au titre des monnaies, mais non-monnayé ?

1223. Quelle est la valeur d'un kilogramme d'or pur destiné à être monnayé ?

1224. Quelle est la valeur d'un lingot d'argent du poids de 465 grammes au titre de 0,800 ?

1225. Quel est le prix d'un vase d'argent au titre 0,950 et pesant 1 kilog. 125 ?

1226. Quelle est la valeur d'un lingot d'or pesant 760 grammes, au titre de 0,750 ?

1227. Quelle est la valeur d'un objet en or du poids de 1,235 grammes, au titre de 0,840 ?

1228. Quelle est la valeur d'un vase d'or au titre de 0,920 et pesant 640 grammes ?

1229. La monnaie de bronze vaut 40 fois moins que celle d'argent ; quelle est donc la valeur d'un kilogramme de bronze monnayé ?

1230. Quelle est la valeur de **13** kilog. 60 d'argent monnayé ?

1231. Quelle est la valeur de **7** kilog. 170 d'or monnayé ?

1232. Quelle est la valeur de 62 kilog. 75 de cuivre monnayé ?

1233. Quel est le poids de **7,645** fr. d'argent monnayé ?

1234. Quel est le poids de **17,872** fr. d'or monnayé ?

1235. Quelle est la valeur de 8 kilog. 535 d'argent pur ?

1236. Quelle est la valeur de 5 kilog. 120 d'or pur ?

1237. Quel est le poids de **26,350** fr. d'argent pur ?

1238. Quel est le poids de **165,280** fr. d'or pur ?

1239. Quel est le prix de six couverts d'argent pesant chacun **232** grammes, au titre de 0,800 ?

1240. Quel est le prix d'une alliance en or pesant 3 grammes 127, au titre de 0,920 ?

1241. Quel sera le poids d'un lingot d'or au titre de 0,840 et dans lequel il entrera 27 grammes 650 d'or pur ?

1242. J'achète une cuiller d'or pesant **113** grammes 54 ; je l'avais demandée au titre de 0,840 ; le marchand par erreur me la donne au titre de 0,750. Combien ai-je payé et combien doit-on me rembourser ?

1243. Quel titre obtiendrait-on en fondant ensemble 3 lingots du même poids, aux titres de 0,920, 0,840 et 0,790 ?

1244. On a fondu 325 kilog. d'or pur avec **43** kilog. de cuivre ; quel est le titre du lingot ?

1245. Combien faut-il ajouter de kilog. de cuivre à 865 kilog. d'argent au titre de 0,950, pour le ramener au titre de 0,800 ?

— 170 —

1246. On a 1,235 grammes au titre de 0,750 ; combien faut-il y ajouter d'or pur pour le ramener au titre de 0,920 ?

1247. Quel est le poids de chacune des pièces d'or françaises ; savoir : 100 fr., 50 fr., 20 fr. 10 fr. et 5 fr.

1248. Quel est le poids de chacune des pièces d'argent ; savoir : 5 fr., 2 fr., 1 fr., 0 fr. 50 et 0 fr. 20.

1249. Quel est le poids de chacune des pièces de bronze ; savoir : 0 fr. 10, 0 fr. 05, 0 fr. 02, 0 fr. 01

1250. Quelle est la valeur totale de toutes les monnaies désignées dans les trois problêmes précédents, ainsi que leur poids total ?

17° RÈGLE DE RÉPARTITION PROPORTIONNELLE.

1251. Partager 4,360 en parties proportionnelles aux nombres 2, 4, 6 et 8 ?

1252. Trois terrassiers ont fait un fossé pour lequel on leur a donné 540 fr. ; le premier a travaillé pendant 42 jours, le deuxième 37 et le troisième 29 ; on demande combien chacun doit recevoir du gain, à proportion des journées qu'il a faites ?

1253. Quatre hommes doivent se partager 963 fr. de manière que si le premier a 1 fr. le deuxième et le troisième auront 2 fr. et le quatrième 4 fr. ; quelle sera la part de chacun ?

1254. Deux cultivateurs ont labouré un champ pour 168 fr. ; le premier a employé 3 chevaux et le second 4 d'égale force ; combien chacun doit-il avoir sur cette somme ?

1255. 6 maçons ont construit une maison pour 852 fr. ; le premier y a fait 37 journées, le deuxième 35, le troisième 42, le quatrième 26, le cinquième 34 et le sixième 39 ; combien chacun doit-il avoir ?

1256. Deux ouvriers se partagent la somme de 1.463 fr. qu'ils ont gagnée, de manière que l'un ait deux parts et l'autre 5 ; que revient-il à chacun ?

1257. Trois héritiers doivent se partager une succession en proportion de leur âge ; le premier a 27 ans, le second 33 et le troisième 35 ; que revient-il à chacun, la succession étant de 52,000 fr ;

1258. Quatre bûcherons ont exploité une coupe et ont gagné 1,331 fr.; le premier y a travaillé pendant 160 jours, le second 170, le troisième 140 et le quatrième 135 ; que revient-il à chacun ?

1259. Cinq ouvriers ont réparé un chemin dont le prix d'adjudication montait à 845 fr.; le premier y a fait 55 journées, le deuxième 53, le troisième 73, le quatrième 69 et le cinquième 75; que revient-il à chacun ?

1260. Partager 1,764 fr. entre 4 personnes, de manière que la deuxième ait le double de la première, la troisième autant que les deux premières et la quatrième le double de la troisième ?

1261. Partager 1,207 fr. en trois parties qui soient entre elles comme les nombres 4, 5, 8 ?

1262. Cinq militaires de l'empire ont reçu une pension de 7,480 fr. qu'ils doivent se partager en raison de leur âge ; le premier a 73 ans, le deuxième 71, le troisième 68, le quatrième 65 et le cinquième 63; combien chacun doit-il avoir?

1263. Quatre familles indigentes ont reçu un secours de 713 fr. qu'elles doivent se partager à proportion du nombre de leurs membres; la première compte cinq personnes, la deuxième 7, la troisième 8 et la quatrième 11 ; que revient-il à chacune ?

1264. Deux moissonneurs ont coupé 163 ares de blé et ont reçu 35 fr.; le premier a moissonné seul 94 ares ; combien chacun doit-il recevoir ?

1265. J'ai acheté un cheval, un bœuf et un mouton pour 837 fr.; le cheval coûte le double du bœuf qui lui-même coûte 10 fois plus que le mouton ; quel est le prix de chaque bête?

1266. Trois ouvriers ont entrepris un ouvrage pour 1,489 fr. 60, le premier y a travaillé pendant 65 jours, le second 83 et le troisième 118 ; combien revient-il à chacun ?

1267. Partager 217 fr. 50 en 3 parts, de manière que la première soit à la deuxième comme **3 : 8** et la deuxième à la troisième comme **4 : 9** ?

1268. Trois marchands de vin ont loué une cave pour 278 fr. ; le premier y a mis 128 pièces de vin, le deuxième 184 et le troisième 206 ; combien chacun doit-il payer ?

1269. Deux cultivateurs ont loué le pâturage d'une prairie pour 435 fr. ; le premier y a conduit régulièrement 13 bêtes à cornes et le deuxième 18 ; combien chacun doit-il payer ?

1270. Un père donne 26 fr. à ses 5 enfants et désire que le premier ait la $\frac{1}{2}$, le deuxième le $\frac{1}{8}$, le troisième le $\frac{1}{4}$, le quatrième le $\frac{1}{5}$ et le cinquième le $\frac{1}{6}$; comment devront-ils se partager cette somme ?

1271. Un oncle donne 2,300 fr. à ses 3 neveux et veut que la part du premier soit à celle du second comme **5 : 6** et celle du second à celle du troisième comme **7 : 9** ; combien chacun doit-il recevoir ?

1272. Deux bûcherons ont travaillé ensemble pendant 230 jours et ont gagné 1,150 fr. ; le premier a eu 460 fr. et le deuxième le reste ; combien chacun a-t-il travaillé de jours ?

1273. Les forces de trois ouvriers sont entr-elles comme les nombres 6, 7 et 9 ; s'ils ont gagné 835 fr. en travaillant ensemble, combien chacun doit-il avoir ?

1274. Une subvention de 1,400 fr. est allouée à 4 employés et ils doivent se la partager en proportion de leur traitement ; combien chacun aura-t-il si le traitement du premier est de 1,000 fr., celui du deuxième 1,100 fr., celui du troisième 1,150 fr. et celui du quatrième 1,200 fr. ?

1275. Partager 133 pommes entre 3 enfants en raison de leur âge; le premier a 8 ans, le deuxième 6 et le troisième 5?

1276. Trois ouvriers ont fait un ouvrage pour 601 fr. 15; le premier y a travaillé pendant 35 jours et 12 heures par jour, le second pendant 27 jours et 9 heures par jour et le troisième pendant 43 jours et 10 heures par jour; combien chacun doit-il recevoir?

1277. Deux cultivateurs ont loué une prairie pour 325 fr. 50, le premier y a mis 17 bœufs pendant 45 jours et le second 22 bœufs pendant 54 jours; combien chacun doit-il payer?

1278. Quatre maçons ont gagné 477 fr.; le premier a travaillé pendant 64 jours et 13 heures par jour; le deuxième 53 jours et 11 heures par jour, le troisième pendant 57 jours et 10 heures par jour et le quatrième pendant 50 jours et 8 heures par jour; combien chacun doit-il recevoir?

1279. Deux charretiers ont entrepris de conduire du sable pour 660 fr.; le premier faisait chaque jour 4 voyages et le second 3; si la charge du premier était à celle du second comme 6 : 7; combien chacun doit-il recevoir?

1280. Deux marchands de bois ont loué un hangar pour 96 fr.; le premier y a mis 360 stères de bois pendant 3 mois et demi et le second 235 stères pendant 10 mois; combien chacun doit-il payer sur la location?

1281. Deux ouvriers ont fait en commun un travail qui leur a rapporté 125 fr.; le premier a travaillé pendant 13 jours et 9 heures par jour, le second pendant 10 jours et 10 heures par jour; combien chacun doit-il recevoir?

1282. On veut partager 354 fr. entre 2 personnes, de manière que la deuxième ait le double de la première; quelle est la part de chacune?

1283. Deux chefs d'ateliers ont entrepris un ouvrage pour lequel ils ont eu **837** fr.; le premier y a employé **17** ouvriers pendant **12** jours et **10** heures par jour, le second **13** ouvriers pendant **15** jours et **11** heures par jour; combien chacun doit-il recevoir?

1284. Un oncle donne à ses trois neveux **28,700** fr. à condition qu'ils se partageront cette somme de la manière suivante : le premier ayant **8** enfants, le second **5** et le troisième **7**, les enfants du premier devront prendre chacun **4** fr. pendant que ceux du second auront chacun **3** fr. et ceux du troisième **2** fr.; d'après cela, combien revient-il à chacun des neveux?

1285. Six maîtres de fabriques, **3** contre-maîtres et **17** ouvriers doivent se partager une somme de **2,600** fr. qu'ils ont gagnée; la part des premiers est à celle des seconds comme **8** : **5** et celle des seconds à celle des troisièmes comme **7** : **4**; quelle est la part de chacun ?

1286. Partager **312** en parties proportionnelles à $\frac{1}{2}$, $\frac{8}{5}$ et $\frac{7}{8}$?

1287. Deux bergers ont loué un pâturage pour **526** fr. **65**; le premier y a conduit **262** moutons pendant **85** jours et le second **193** pendant **112** jours; combien chaque berger doit-il payer ?

1288. Trois personnes ont à se partager une gratification de **205** fr. proportionnellement au temps qu'elles ont travaillé à un ouvrage; la première y a travaillé pendant **37** jours et **9** heures par jour, la seconde pendant **31** jours et **8** heures par jour et la troisième pendant **34** jours et **10** heures par jour; combien chacune doit-elle recevoir ?

1289. Un rentier, en mourant, laisse à ses **4** domestiques, à titre de reconnaissance de leurs bons services, une somme de **8,700** fr. qu'ils doivent se partager proportionnellement au nombre des années qu'ils ont été à son service; le premier y a été **17** ans, le second **15**, le troisième **11** et le quatrième **8**; combien revient-il à chacun ?

1290. On demande de partager 1,000 noix entre 4 enfants de manière que quand le premier en aura 3, le second en aura 5, le troisième 7 et le quatrième 10; quelle sera la part de chacun?

1291. La journée du père est évaluée à 3 fr. 50, celle de la mère à 2 fr. 75, celle du fils à 3 fr et celle de la fille 1 fr. 75; ils ont gagné 187 fr. qu'ils veulent se partager; combien revient-il à chacun?

1292. Un rentier laisse par testament une somme de 38,500 fr. à répartir entre trois communes à proportion du nombre de leurs indigents; la première commune compte 360 indigents, la deuxième 235 et la troisième 198; combien chaque commune doit-elle recevoir?

1293. On répartit une contribution de 2,305 fr. 80 entre cinq communes en raison de leur population; la première a 837 habitants, la deuxième 592, la troisième 490, la quatrième 368 et la cinquième 275; combien chaque commune doit-elle payer?

1294. Partager 254 fr. proportionnellement aux nombres $\frac{2}{5}$, 4, $\frac{7}{8}$ et 3?

1295. Trois compagnies d'ouvriers ont fait un ouvrage qui leur a été payé 11,400 fr. la première compagnie était de 12 hommes, la seconde de 13 et la troisième de 15; combien chaque compagnie doit-elle avoir sur le gain?

1296. Un négociant en faillite doit 4,000 fr. à un premier créancier, 6,200 fr. à un second, 8,000 fr. à un troisième 12,000 fr. à un quatrième et 2,500 fr. à un cinquième; il ne possède que 22,000 fr.; comment les créanciers doivent-ils se partager cette somme?

1297. On demande de partager 60 fr. entre 3 personnes, de manière que la seconde ait le double de la première et la troisième 2 fois $\frac{1}{3}$ plus que les deux autres ensemble?

1298. Partager une succession de 44,980 fr. entre

5 héritiers, de manière que la part de la deuxième soit les $\frac{3}{4}$ de celle de la première, celle de la troisième $\frac{1}{2}$ de celle de la deuxième, celle de la quatrième les $\frac{3}{5}$ de celle de la deuxième et celle de la cinquième égale à celles des deux premières ensemble ?

1299. Une fontaine donne 9 litres à la minute, une seconde 11 litres, une troisième 17 litres et une quatrième 21 litres ; les 4 fontaines coulant ensemble ont rempli un bassin contenant 148,016 litres ; combien chaque fontaine a-t-elle donné de litres ?

1300. Trois individus ont gagné 1,746 fr. ; la mise du premier est à celle du second comme 6 : 7 et celle du second à celle du troisième comme 9 : 11 ; quel est le gain de chaque individu ?

18° RÈGLE DE SOCIÉTÉ.

1301. Trois négociants ont mis chacun dans le commerce une somme de 6,300 fr. et ont gagné 11,000 fr. ; que revient-il de bénéfice à chacun ?

1302. Quatre hommes ont mis chacun 1,700 fr. dans une société ; ils ont perdu 5,200 fr. ; quelle est la perte de chacun ?

1303. Trois marchands ont fait un fonds commun ; le premier a mis 1,150 fr. le second 1,300 et le troisième 1,500 fr., ils ont gagné 2,370 fr. ; quel est le bénéfice de chacun ?

1304. Trois personnes ont fait un fonds commun de 6,208 fr. ; la première a eu 240 fr. de bénéfice, la seconde 390 fr. et la troisième 340 fr. ; quelle était la mise de chaque personne ?

1305. Quatre individus ont acheté en commun une ferme qui rapporte 8,680 fr. ; le premier a contribué à l'achat pour 30,000 fr. le second pour 27,000, le troisième pour 35,000 fr. et le quatrième pour 32,000 fr. ; comment doivent-ils se partager le revenu ?

1306. Trois militaires, en partant au service, ont mis en commun chez un notaire; le premier 1,800 fr., le deuxième 1,600 fr. et le troisième 1450 fr.; à leur retour, le notaire leur remet en tout 7,350 fr.; comment doivent-ils se partager cette somme?

1307. Deux personnes se mettent ensemble dans le commerce; la première avance 6,000 fr., la seconde 4,500 fr.; comment doit-on partager le/bénéfice de 1,785 fr. qu'elles ont fait?

1308. Deux petits marchands mettent en commun; le premier 850 fr. et le second 730 fr.; au bout de 6 mois, ils ont fait une perte de 180 fr.; quelle doit être la perte de chacun?

1309. Trois associés ont mis la même somme dans une entreprise; le premier y a laissé son argent pendant 7 mois, le second pendant 9 mois et le troisième pendant un an; combien chacun doit-il avoir du gain montant à 13,440 fr.?

1310. Trois marchands s'associent pour une entreprise; le premier y met 1,300 fr., le second 1,500 fr. et le troisième 1,650 fr.; quel sera le gain de chacun d'eux, si le gain total est de 640 fr. 80?

1311. Les mises de 4 associés sont dans le rapport des nombres 3, 5, 7 et 10; leur gain est de 23,000 fr.; quelle est la part de chacun?

1312. Un gain de 3,416 fr. a été partagé entre 3 associés dont la mise totale est de 25,000 fr.; le premier a eu pour sa part 960 fr., le deuxième 1,300 fr. et le troisième le reste; quelle est la mise de chacun?

1313. Le gain de 4 associés est dans le rapport des nombres 2, 5, 6 et 8, leur mise totale est de 63,000 fr.; quelle est la mise de chacun?

1314. Deux négociants ont perdu 1,240 fr. dans une entreprise; la mise de fonds du premier est de 2,360 fr., celle du second de 3,000 fr.; quelle est la perte de chacun?

1315. Trois créanciers ont à se partager une somme de 17,000 fr. qui leur est offerte par leur débiteur ; il est dû au premier 9,000 fr., au second 7,000 et au troisième 6,500 ; combien chacun devra-t-il avoir?

1316. Quatre marchands ont fait un fonds de 65,010 fr. ; le premier a eu 1.150 fr. de bénéfice, le deuxième 1,300 le troisième 1,450 fr. et le quatrième 1,600 ; quelle est la mise de fonds de chacun?

1317. Deux marchands ont mis en commun, le premier 1,300 fr., le second 1,700 fr.; leur perte est de 300 fr., à combien doit se réduire la mise de chacun?

1318. Trois personnes ont acheté une maison pour 22,000 fr.; la première a donné une certaine somme, la seconde le double de la première et la troisième le triple de la deuxième; combien chaque personne a-t-elle donné?

1319. Trois personnes forment une société ; la première met en commun 7,000 fr., la seconde 9,000 et la troisième, qui ne verse aucun fonds, est chargée de gérer les affaires de la communauté, et doit avoir 12 pour 100 sur les bénéfices ; si elle touche 1,500 fr. pour sa portion, quel est le gain total et la part des deux premières personnes?

1,320. Deux individus ont gagné 2,400 fr. en société; le second a mis le triple du premier plus 150 fr.; sachant que le premier a eu 587 fr. 50 sur le bénéfice, quelle est la mise de chacun?

1231. Quatre particuliers ont mis en commun les billets qu'ils avaient pris à une loterie et ont gagné un lot de 50,000 fr.; faire le partage de cette somme, sachant que le premier avait 15 billets, le second 25, le troisième 40 et le quatrième 60 ?

1322. Une somme de 34,000 fr. doit-être partagée entre 5 personnes de manière que la première ait $\frac{1}{2}$, la seconde $\frac{3}{4}$, la troisième $\frac{5}{6}$, la quatrième $\frac{7}{8}$ et la cinquième $\frac{7}{12}$; quelle est la part de chaque personne?

1323. Deux marchands ont mis 17,000 fr. en commun et ont gagné 4,350 fr.; le gain du premier surpasse de 230 fr. celui du second; quelle est la mise de chacun ?

1324. Avec 1,360 fr., deux petits marchands ont gagné 750 fr.; le premier avait mis 800 fr. et le second le reste; combien chacun doit-il avoir du gain ?

1325. Trois ouvriers s'étant associés pour creuser un fossé ont gagné 1,878 fr.; le premier en a fait 380 mètres, le second 410 et le troisième 462; combien chacun doit-il avoir du gain ?

1326. Trois marchands s'étant associés ont gagné 2,266 fr. 17; combien revient-il à chacun, sachant que le premier avait mis en commun 375 mètres de toile à 5 fr. 25 le mètre, le second 212 mètres de drap à 13 fr. le mètre et le troisième une somme de 1,750 fr.?

1327. Quatre hommes ont mis en commun 27,500 fr.; le gain du premier est de 700 fr., celui du second de 900 fr., celui du troisième de 1,100 fr. et celui du quatrième de 1,300 fr.; quelle est la mise de fonds de chaque homme?

1328. Trois particuliers se sont associés pour faire un ouvrage qui leur a rapporté 2,091 fr.; combien chacun doit-il avoir, sachant que la journée du premier a été estimée 5 fr., celle du second 4 fr. 50 et celle du troisième 3 fr. 25.

1329. Trois marchands de vin se sont associés et ont gagné 11,994 fr. 50; le premier a mis en commun 560 pièces de vin à 180 fr. la pièce, le second 630 pièces à 95 fr. la pièce et le troisième 910 pièces à 52 fr. l'une; combien chacun doit-il avoir sur le gain ?

1330. Deux maîtres maçons ont entrepris la construction d'un édifice pour lequel ils ont reçu 16,300 fr.; le premier y a employé 17 ouvriers et le second 13; combien chacun doit-il recevoir ?

1331. Deux marchands de blé ont mis en commun, le premier 720 doubles-décalitres de blé à 3 fr. 75 le double et 1,500 fr. d'argent, le second 480 doubles à 4 fr. 25 et 2,300 fr. d'argent; ils ont gagné 5,412 fr. 875; combien chacun doit-il avoir du gain?

1332. Trois ouvriers se sont mis de société pour faire un ouvrage qui leur a été payé 644 fr. 84; le premier a travaillé pendant 126 jours et 9 heures par jour, le second pendant 98 jours et 11 heures par jour et le troisième pendant 154 jours et 7 heures par jour; combien chacun doit-il recevoir du gain?

1333. Deux marchands ont mis dans le commerce, le premier 7,500 fr. et le second 6,300; ils ont gagné 235 mètres 85 de drap à 17 fr. 50 le mètre; quel est le gain de chacun?

1334. Deux cultivateurs ont entrepris de conduire les matériaux d'une construction pour 3,250 fr. le premier a occupé 4 chevaux pendant 26 journées $\frac{2}{3}$ et le second 5 chevaux pendant 23 journées $\frac{1}{2}$; combien revient-il à chacun?

1335. Trois marchands de bois s'étant associés ont mis en commun, le premier 11,000 fr. le deuxième 8,400 fr. et le troisième 5,000 fr.; leur gain s'est élevé à 13,400 fr.; combien revient-il à chacun, sachant que le troisième doit prélever 1,200 fr. sur le gain avant de faire le partage?

1336. Quatre héritiers reçoivent dans une succession, le premier 2,340 fr., le deuxième 1,800 fr. le troisième 1,720 fr. et le quatrième 1,360 fr.; ils doivent acquitter une dette de 686 fr.; combien chacun doit-il donner à proportion de sa part de succession?

1337. Un débiteur offre 17,375 fr. à 3 créanciers: il doit au premier 6,000 fr., au deuxième 9,800 fr. et au troisième 12,000 fr.; si ces derniers acceptent l'offre qui leur est faite, combien chacun devra-t-il recevoir?

1338. Cinq hommes s'étant associés ont mis en commun, le premier 750 fr., le second 250 fr. de plus que le premier et ainsi des autres; leurs mises sont restées en commun dans les rapports respectifs de 4, $4\frac{1}{2}$, $3\frac{1}{4}$, 3 et 2; ils ont gagné 7,249 fr. 50 ; combien revient-il à chacun ?

1339. Un bureau de bienfaisance doit distribuer 70 kilog. de pain entre 4 familles indigentes, en raison de leurs membres ; la première est de cinq personnes, la seconde de 6, la troisième de 8 et la quatrième de 9 ; combien chaque famille aura-t-elle de kilog. de pain?

1340. Deux maîtres charpentiers ont entrepris un ouvrage pour 1,667 fr. 40 ; le premier y a occupé 3 ouvriers pendant 69 jours et 12 heures par jour et le second 4 ouvriers pendant 57 jours et 10 heures par jour; combien revient-il à chacun ?

1341. Huit ouvriers se sont réunis pour réparer un chemin dont l'adjudication, passée au profit de l'un d'eux, s'élève à 1,339 fr. 40; combien chacun doit-il recevoir, sachant que le premier a travaillé pendant 64 jours, le deuxième 69, le troisième 84, le quatriè- 87, le cinquième 93, le sixième 104, le septième 110 et le huitième 113?

1342. Deux individus ont mis 1,5000 fr. en commun; le gain du premier, dont la mise était de 9,600 fr. est de 1,968 fr.; quel est le gain total, le gain et la mise du second?

1343. Trois individus se sont associés; le premier a mis 540 fr.; le deuxième 680 fr. et le troisième 1,200 fr.; ils ont perdu 271 fr. 05; quelle est la perte de chacun ?

1344. Quatre individus ont entrepris la construction d'une église pour 245,000 fr.; leur gain total s'élève à 42,735 fr.; combien chacun doit-il recevoir, sachant que le premier a fait des avances de 35,000 fr. pendant 8 mois, le second 43,000 fr. pendant 5 mois, le troisième **38,000** fr. pendant 6 mois et le quatrième **52,000** fr. pendant 11 mois?

1345. Trois particuliers ont fait un fonds de **22,000** fr.; quelle est la mise de chacun, sachant que le premier a gagné **1,795** fr., le second **925** fr, et le troisième **1,680** fr.

1346. Deux maçons ont reçu **430** fr. pour avoir fait des murs de cloture dans diverses propriétés ; comme ils travaillent séparément, ils désirent connaître ce qui revient à chacun d'eux, sachant que le premier a fait un mur de **45** mètres de long sur **2** mètres de hauteur et le second un autre mur de **51** mètres **25** de long sur **1** mètre **60** de hauteur?

1347. Quatre individus ont fait un fonds avec lequel ils ont gagné **467** fr. **40**; le premier avait mis **200** fr. pendant **15** mois, le deuxième **186** fr. pendant **14** mois, le troisième **237** fr. pendant un an et le quatrième **150** fr. pendant 6 mois; combien revient-il à chacun ?

1348. Trois ouvriers se mettent de société pour un ouvrage estimé **580** fr., la journée du premier est estimée **3** fr. **50**, celle du second **4** fr. et celle du troisième **4** fr. **25**; combien chacun devra-t-il recevoir, leurs journées de travail étant respectivement en rapport aux nombres **6, 5** et **4**?

1349. Trois marchands de vin s'étant associés ont perdu **5,339** fr. **60**; la mise du premier était de **230** pièces de vin à **60** fr. la pièce, celle du second de **186** pièces à **90** fr. et celle du troisième de **76** pièces à **100** fr.; quelle doit-être la perte de chacun ?

1350. Deux ouvriers ont fait un ouvrage qui leur a été payé **129** fr.; quelle doit-être la part de chacun, leurs journées de travail étant en rapport comme **5 : 4**?

19° RÈGLE DU TEMPS POUR LES PAIEMENTS.

1351. Un particulier a acheté une propriété pour 17,500 fr.; il doit en payer $\frac{1}{5}$ chaque année, de combien sera chaque paiement?

1352. Une personne a acheté des marchandises pour 5,430 fr.; elle doit acquitter cette somme en 15 paiements égaux, un par mois, de combien sera chaque paiement?

1353. Je dois 12,000 payables $\frac{1}{3}$ comptant, $\frac{1}{4}$ dans 5 mois et le reste dans 10 mois; quel sera le montant de chaque paiement?

1354. Un marchand doit une somme de 16,000 fr. payable dans 4 paiements; le second doit-être le double du premier, le troisième le quadruple du deuxième et le quatrième $\frac{1}{2}$ du troisième plus 100; quel est le montant de chaque paiement?

1355. Un vieillard a vendu sa maison pour 5,412 fr. à condition qu'on lui acquitterait cette somme en 4 paiements, le premier est de $\frac{1}{2}$, le deuxième de $\frac{1}{8}$, le troisième de $\frac{3}{5}$ et le quatrième de $\frac{5}{7}$; déterminer le montant de chaque paiement?

1356. J'ai acheté du bois pour 1,360 fr.; je dois payer $\frac{1}{2}$ de cette somme comptant et le reste dans 8 mois; si je ne veux faire qu'un seul paiement, au bout de combien de temps devrais-je le faire?

1357. Une personne a acheté 125 doubles de blé à 4 fr. 25 l'un; on lui accorde 3 mois de crédit à condition qu'à dater de cette époque, elle paiera 6 fr. par semaine; au bout de combien de temps aura-t-elle acquitté sa dette?

1358. J'ai payé une propriété en cinq paiements; le premier a été de 320 fr., le second le double du premier plus 25 fr., le troisième autant que les deux premiers moins 65 fr. le quatrième autant que le premier et le troisième et le cinquième 165 fr. de plus que le quatrième ; quel est le montant de chaque paiement ?

1359. On acquitté une dette en trois paiements ; le premier est du $\frac{1}{6}$ de la dette plus 40 fr. le second est égal au premier plus $\frac{1}{4}$ de la dette, le troisième est de 648 fr.; quel est le montant de cette dette?

1360. J'ai payé un champ de 1,212 fr. en trois paiements; le premier est au second comme 3 : 5 et le second au troisième comme 7 : 9 ; quel est le montant de chaque paiement?

1361. On doit payer la somme de 1,900 fr. de la manière suivante : $\frac{1}{2}$ dans 6 mois, le $\frac{1}{4}$ dans 9 mois et le reste au bout de l'année; si l'on ne veut faire qu'un seul paiement, à quelle époque doit-on le faire?

1362. Un marchand devait 2,300 fr. payables dans 5 mois, 4,000 fr. payables dans 8 mois, 975 fr. payables dans 13 mois et 1,460 fr. payables dans 15 mois; il n'a fait qu'un seul paiement, à quelle époque a-t-il dû le faire?

1363. Un marchand d'étoffes devait 4,500 fr. payables dans 4 mois, 5,200 fr. payables dans 9 mois et 1,925 fr. payables dans 11 mois ; il a payé 3,000 fr. comptant; combien de temps peut-il garder le reste?

1364. Une personne devait 430 fr. payables dans 7 mois, 650 fr. dans 10 mois, 720 fr. dans 14 mois et 910 fr. dans 18 mois ; elle donne 560 fr. au bout de 3 mois; combien de temps peut-elle garder le reste?

1365. Je devais pour 8,400 fr. de vin payables dans 11 mois, à condition que si je faisais une avance de 2,800 fr., je pourrais garder le reste pendant 14 mois; à quelle époque ai-je dû faire cette avance?

1366. Je devais 540 fr. à un an de crédit; j'ai payé à l'avance les $\frac{2}{3}$ de cette somme, de manière que je puis garder le $\frac{1}{3}$ restant à payer pendant 32 mois, sans faire tort à mon créancier; à quelle époque ai-je fait cette avance?

1367. Un marchand a vendu pour 6,000 fr. d'étoffes à 14 mois de crédit; il n'a reçu le $\frac{1}{5}$ de cette somme qu'au bout de 26 mois; à quelle époque avait-il reçu les $\frac{2}{5}$ de cette somme ?

1368. Un entrepreneur doit faire une tranchée pour 18,600 fr. qui doivent lui être payés au bout de 16 mois, époque de la réception des travaux ; ayant besoin d'argent, on lui a avancé 7,000 fr. au bout de 4 mois; de combien doit-on retarder son dernier paiement pour ne rien perdre?

1369. On doit payer 430 doubles-décalitres de blé dans 9 mois; si on en paie 186 au bout de 4 mois, à quelle époque pourra-t-on payer le reste?

1370. Dans combien de temps faudra-t-il payer 1,600 fr., si l'on devait payer $\frac{1}{4}$ dans 5 mois, $\frac{1}{4}$ dans 7 mois, $\frac{1}{4}$ dans 11 mois et le reste en un an ?

1371. On a acheté 17 pièces d'eau-de-vie pour 5,865 fr. payables dans 15 mois ; si on paie $\frac{1}{5}$ au bout de 8 mois, à quelle époque devra-t-on payer les $\frac{2}{3}$ restant ?

1372. Un banquier doit 8,700 fr. payables comptant, 3,600 fr. dans 5 mois, 1,700 fr. dans 9 mois, 5,400 fr. dans 13 mois et 12,000 fr. dans 18 mois ; il voudrait s'acquitter de tout en un seul paiement, à quelle époque doit-il le faire?

1373. Je dois payer une vigne en 4 paiements qui sont entre eux comme les nombres 8, 5. 3, 2; le plus petit est de 145 fr.; quel est le prix de cette vigne?

1374. Une somme de 7,900 fr. doit être payée $\frac{2}{5}$ dans 6 mois et le reste dans 11 mois; si l'on ne veut faire qu'un paiement, à quelle époque faudra-t-il le faire?

1375. Une personne devait une certaine somme sur laquelle elle a donné $\frac{1}{4}$, $\frac{1}{5}$ et $\frac{3}{7}$; il reste encore dû 51 fr.; quelle était cette somme et de combien était chaque paiement?

13

1376. Un épicier doit recevoir 3 traites ; l'une de 430 fr., dans 75 jours, l'autre de 650 fr. dans 112 jours et la troisième de 218 fr. dans 146 jours ; il aurait préféré ne recevoir qu'une traite pour toutes ces sommes ; à quelle époque l'aurait-il reçue ?

1377. Je dois trois billets : le premier de 830 fr., payable dans 8 mois, le deuxième de 670 fr. dans 11 mois, et le troisième de 545 fr. dans 14 mois ; on me propose de faire un seul billet pour remplacer les trois autres ; à quelle époque devra-t-on porter son échéance ?

1378. Un particulier doit 6,460 fr. payables $\frac{1}{4}$ dans 6 mois, $\frac{1}{2}$ dans 13 mois et le reste dans 20 mois ; si l'on ne veut faire qu'un seul paiement, à quelle époque devra-t-on le faire ?

1379. J'ai à payer une somme que je dois acquitter en 12 paiements, de mois en mois ; le premier est de 6 fr., le second double du premier, et ainsi des autres ; quel est le montant de ma dette ?

1380. Quatre terrassiers ont fait un fossé pour 2,340 fr. ; ils ne devaient être payés de cette somme qu'au bout d'un an ; mais on leur a avancé 400 fr. au bout de 3 mois et 560 fr. au bout de 6 mois ; à quelle époque doit-on leur payer le reste pour qu'il y ait compensation ?

20° RÈGLE DE MÉLANGE OU D'ALLIAGE.

1381. On a du vin à 0 fr. 25 le litre et à 0 fr. 35 ; si on le mêlait, quel serait le prix d'un litre du mélange ?

1382. On a mêlé 125 litres de vin à 0 fr. 45 avec 164 litres à 0 fr. 75 ; quel est le prix d'un litre du mélange ?

1383. On a du vin à 0 fr. 35, 0 fr. 40 et 0 fr. 65 le litre ; si on le mêlait, quel serait le prix d'un litre du mélange ?

1384. On mélange 65 litres de vin à 0 fr. 85 avec 42 litres à 1 fr. 15 ; quel est le prix d'un litre du mélange ?

1385. On met 5 litres d'eau dans 32 litres de vin à 0 fr. 75 ; quelle est la valeur d'un litre du mélange ?

1386. Combien doit-on verser d'eau dans 115 litres de vin à 0 fr. 45 le litre, pour lui donner la valeur de 0 fr. 40 le litre ?

1387. Un épicier a du café à 4 fr. 75, à 4 fr. et à 3 fr. 60 le kilogramme ; s'il le mélange, à combien reviendra le kilogramme de ce mélange ?

1388. Si on mêlait 40 litres de vin à 0 fr. 50 le litre avec 65 litres à 0 fr. 75 ; à combien reviendrait le litre du mélange ?

1389. Un marchand a 3 pièces de vin : la première de 230 litres à 0 fr. 40 le litre, la deuxième de 220 litres à 0 fr. 50 et la troisième de 265 litres à 0 fr. 65 ; à combien reviendra le litre du mélange ?

1390. On a du blé à 3 fr., à 3 fr. 75, à 4 fr. et à 4 fr. 25 le double-décalitre ; si on le mélangeait à quantité égale, à combien reviendrait le litre du mélange ?

1391. Si l'on mélangeait 45 kilog. de riz à 0 fr. 85 le kilog. avec 22 kilog. à 0 fr. 65, quel serait le prix d'un kilog. du mélange ?

1392. Un cabaretier a 112 litres d'eau-de-vie à 0 fr. 85 le litre, 76 litres à 1 fr. 15 et 85 litres à 1 fr. 40 ; s'il mêle le tout ensemble, quel sera le prix moyen du litre ?

1393. Deux ouvriers ont fait 106 mètres d'ouvrage, le premier en travaillant 8 jours et le second 11 jours ; ils ont fait ensuite 79 mètres, le premier en 5 jours et le second en 9 jours ; combien chaque ouvrier faisait-il de mètres par jour ?

1394. On a vendu 45 doubles-décalitres de blé et 35 d'orge pour 207 fr. 50 ; on a ensuite vendu au même prix 55 doubles-décalitres de blé et 60 d'orge pour 283 fr. 75 ; quel est le prix du double-décalitre de blé et du double-décalitre d'orge ?

1395. Deux robinets donnent 222 litres ; le premier coulant 6 heures et le second 4 heures ; ils donnent ensuite 251 litres, le premier coulant 5 heures et le second 7 heures ; combien chaque robinet donne-t-il de litres à l'heure ?

1396. On a fondu ensemble 27 grammes d'or, 8 grammes d'argent, et 3 grammes de cuivre ; quelle est la valeur d'un gramme d'alliage, si le cuivre est estimé 2 fr. 50 le kilog. ?

1397. Les caractères d'imprimerie se composent de 80 parties de plomb, 20 parties d'antimoine et 5 de cuivre ; quel est le prix de 25 kil. de cet alliage, sachant que le plomb coûte 0 fr. 40 le kilog., l'antimoine 1 fr. 85 et le cuivre 2 fr. 50 ?

1398. Le laiton se compose de 30 parties de zinc et de 70 parties de cuivre ; quel est le prix de 5 kilog. de laiton, si le zinc coûte 0 fr. 85 le kilog. et le cuivre 2 fr. 55 ?

1399. Les cloches se fondent avec 390 parties de cuivre, 110 d'étain, 5 de zinc et 4 de plomb ; le cuivre coûtant 2 fr. 60 le kilog., l'étain 4 fr. 75, le zinc 0 fr. 85 et le plomb 0 fr. 45, dire, d'après cela, le prix d'une cloche pesant 1,525 kilog. ?

1400. Le bronze des canons et des statues se compose de 100 parties de cuivre et de 11 d'étain ; quel est le prix d'un kilog. de bronze, le cuivre coûtant 2 fr. 60 le kilog. et l'étain 5 fr. 10 ?

1401. Une personne possède 12,000 fr. ; elle place une partie de cette somme à 5 pour cent et l'autre partie à 7 pour 100 en sorte qu'elle touche 680 fr. de rentes ; combien a-t-elle placé à 5 et à 7 pour 100 ?

1402. Comment peut-on payer 37 fr. avec des pièces de 5 fr. et de 2 fr. en n'employant que 11 pièces en tout ?

1403. Quel est le prix d'un litre du mélange de 115 litres de vin à 0 fr. 65 avec 12 litres d'eau ?

1404. Un marchand a du vin à 0 fr. 85 et à 0 fr. 60 le litre ; il veut emplir un tonneau de 240 litres avec ces vins, en mettant 2 fois plus de vin à 0 fr. 85 qu'à 0 fr. 60 ; quel sera le prix d'un litre du mélange ?

1405. Un marchand reçoit 95 kilog. de thé à 13 fr. et à 16 fr. le kilogramme ; la somme à payer est de 1400 fr. ; combien y a-t-il de kilog de thé de chaque espèce ?

1406. Un marchand ne trouvant pas le débit de 425 litres de vin à 1 fr. 25, désire le mélanger avec de l'eau, de manière à pouvoir le vendre 0 fr. 85 ; combien devra-t-il y mettre de litres d'eau ?

1407. On a de l'or au titre de 900, 800, 850 et 750 millièmes ; si l'on fond ensemble, à parties égales, un lingot à chacun de ces titres, quel sera le titre de l'alliage ?

1408. On mêle ensemble 3 pièces de vin ; la première de 225 litres à 0 fr. 35 le litre, la deuxième de 255 litres à 0 fr 45 et la troisième de 212 litres à 0 fr. 75 ; quel sera le prix d'un litre du mélange ?

1400. Un marchand a du café à 1 fr. 50, 2 fr. 15, 2 fr. 75, 3 fr. 60 et 4 fr. le kilog. ; quel sera le prix du kilog. du mélange de ces cinq sortes de café ?

1410. Comment payer 350 fr. avec des pièces de 5 fr. de 2 fr. et de 0 fr. 50 en employant 3 fois plus de pièces de 5 fr que de 2 fr. et de 0 fr. 50.

1417. Un marchand a de l'huile à 0 fr. 90, 1 fr. 15, 1 fr. 35 le litre ; s'il mélange ensemble 45 litres de la première espèce, 68 litres de la seconde et 105 litres de la troisième ; quel sera le prix d'un litre de ce mélange ?

1412. Un cultivateur a du blé à 15 fr., à 16 fr. 50,

à 17 fr. et à 19 fr. l'hectolitre ; il veut en faire un mélange de 126 hectolitres à 16 fr. 75 ; combien doit-il en mettre de chaque espèce ?

1413. Dans quelle proportion doit on mélanger des farines à 42 fr., à 46 fr. et à 49 fr. les 100 kilog., afin d'obtenir un mélange à 47 fr. les 100 kilog.?

1414. Combien faut-il mélanger d'huile à 0 fr. 90, 1 fr. 15 et 1 fr. 35 le litre, pour avoir 117 litres de mélange à 1 fr. 20 le litre ?

1415. Un marchand a du café à 1 fr. 50, 2 fr. 15, 2 fr. 75, 3 fr. 60 et 4 fr. le kilogramme ; combien doit-il en prendre de chaque espèce pour faire un mélange qui revienne à 3 fr. le kilogramme ?

1416. On a du vin à 0 fr. 35, 0 fr. 45 et 0 fr. 75 le litre ; combien doit-on prendre de litres de chaque espèce pour faire un mélange de 238 litres à 0 fr. 50 le litre ?

1417. On a de l'or au titre de 0,900, 0,850, 0,800 et 0,750, combien faudra-t-il en fondre de chaque espèce pour avoir 3 kilog. au titre de 0,825 ?

1418. Une personne a 127 hectolitres de blé à 17 fr. 50, et 95 à 19 fr. 25 ; combien doit-elle prendre d'hectolitres de chaque espèce pour faire un mélange de 63 hectolitres à 18 fr. l'un ?

1419. Un épicier a reçu du thé à 13 fr. et à 16 fr. le kilogramme ; combien doit-il en prendre de chaque espèce pour faire un mélange de 12 kilog. à 15 fr. l'un ?

1420. On a vendu 0 fr. 75 le litre d'un mélange dans lequel il est entré du vin à 0 fr. 55, 0 fr. 60, 0 fr. 80 et 0 fr. 90 le litre ; combien a-t-on mélangé de chaque espèce pour emplir un tonneau de 264 litres ?

1421. Combien devra-t-on mettre de litres d'eau-de-vie à 1 fr. 15 le litre, dans 175 litres à 1 fr. 85, pour que le mélange revienne à 1 fr. 35 le litre ?

1422. Si l'on met **23** litres d'eau dans **370** litres de vin à 0 fr. **85**, combien faudra-t-il encore y ajouter de vin à 0 fr. **45** le litre, pour que le mélange revienne à 0 fr. 60 le litre?

1423. Une fontaine donne **5** litres à la minute et une autre 9 litres; dans l'espace de **25** minutes et en coulant l'une après l'autre, elles ont donné 145 litres; combien chaque fontaine a-t-elle donné de litres et pendant combien de minutes chacune a-t-elle coulé?

1424. On a un tonneau contenant 540 litres qu'on veut emplir avec du vin à 0 fr. 25, 0 fr. 35, 0 fr. 40 et 0 fr. 60 le litre, afin de faire un mélange qui revienne à 0 fr. 50 le litre; combien doit-on en prendre de chaque espèce, sachant qu'on veut en mettre autant de litres à 0 fr. 25 qu'à 0 fr. 35?

1425. Combien faut-il ajouter d'eau à 100 litres de vin à **45** fr. l'hectolitre, pour que le mélange revienne à 0 fr. 40 le litre?

1426. On a **2,250** grammes d'or au titre de 0,700; combien faut-il y ajouter d'or pur pour ramener l'alliage au titre des monnaies?

1427. Quel sera le poids d'un lingot au titre de 0,9, dans lequel il entrera **2,340** grammes d'or pur et quelle sera la valeur de ce lingot?

1428. On a **150** grammes d'or et **70** grammes de cuivre; combien doit-on y ajouter d'or pur pour obtenir un lingot au titre de 0,800?

1429. Combien doit-on extraire de cuivre d'un lingot contenant **425** grammes d'or pur et **78** grammes de cuivre, pour le ramener au titre de 0,850?

1430. Combien doit-on mélanger de vin à 0 fr. **35** et à 0 fr. **50** le litre pour faire un mélange de **225** litres à 0 fr. **45** le litre?

1431. On a de l'or contenant $\frac{1}{7}$, $\frac{2}{11}$ et $\frac{1}{16}$ de cuivre; dans quelle proportion faut-il le mélanger pour avoir de l'or contenant $\frac{1}{10}$ de cuivre?

1432. On a de l'argent contenant $\frac{8}{15}$, $\frac{1}{8}$ et $\frac{2}{20}$ de cuivre ; dans quelle proportion faut-il l'allier pour avoir un lingot au titre de 0,850 ?

1433. Avec du vin à 0 fr. 20, 0 fr. 25, 0 fr. 30, 0 fr. 35 et 0 fr. 45, on veut faire un mélange de 10 hectolitres 50 à 0 fr. 40 le litre ; combien devra-t-on en prendre de chaque espèce?

1434. Dans un mélange de blé à 18 fr. l'hectolitre, il entre 60 hectolitres à 20 fr. et le reste à 15 fr. combien y a-t-il d'hectolitres à 15 fr.?

1435. En mélangeant du vin à 0 fr. 25 0 fr. 35, 0fr. 40, 0 fr. 50 et 0 fr. 75 dans les proportions respectives de 2, 5, 6, 9 et 12, et en y ajoutant 15 litres d'eau, quel sera le prix de 430 litres du mélange?

1436. Dans quelle proportion faut-il mélanger de la navette à 4 fr. 75, à 5 fr. 25 et à 6 fr. le double-décalitre, pour avoir un mélange valant 5 fr. 50 le double-décalitre ?

1437. Combien faudra-t-il mettre d'eau avec du vin à 0 fr. 75 le litre pour emplir un tonneau de la contenance de 280 litres, pour avoir un mélange à 0 fr. 60 le litre?

1438. On a un lingot d'or au titre de 0,650 et pesant 7,540 grammes ; quelle quantité d'or pur faudra-t-il y ajouter pour le ramener au titre des monnaies, et quelle sera sa valeur après cette opération ?

1439. Un aubergiste ne trouvant pas le débit de 473 litres d'eau-de-vie à 2 fr. 45 le litre veut réduire ce prix à 1 fr. 60 le litre, en la mélangeant avec de l'autre eau-de-vie à 1 fr. 05 le litre ; combien devra-t-il prendre de litres de cette dernière espèce ?

1440. Un père de famille s'adresse à un cultivateur pour avoir 8 hectolitres de blé à 17 fr 25 l'un ; ce dernier n'ayant que du blé à 16 fr. et à 20 fr. l'hectolitre, faire connaître dans quelle proportion il doit faire un mélange pour satisfaire au désir du père de famille ?

21° RÈGLE DES MOYENNES.

1441. Un militaire a voyagé pendant cinq jours ; le premier jour il a fait 32 kilomètres, le deuxième 27, le troisième 18, le quatrième 29 et le cinquième 24 ; combien a-t-il fait de kilomètres en moyenne par jour ?

1442. Un marchand a vendu le lundi pour 46 fr. 50, le mardi pour 61 fr. 25, le mercredi pour 117 fr., le jeudi pour 236 fr. 50, le vendredi pour 18 fr. et le samedi pour 147 fr.; combien a-t-il vendu en moyenne par jour ?

1443. Un père de famille gagne 4 fr. 25 par jour, sa femme 2 fr. 25, ses deux fils chacun 3 fr. 50 et sa fille 1 fr. 75 ; quelle est la journée moyenne des membres de cette famille ?

1444. Un propriétaire emploie 4 ouvriers ; le premier fait 12 mètres d'ouvrage par jour, le second 10 mètres 50, le troisième 9 mètres et le quatrième 8 mètres 50 ; combien seront-ils de jours à faire 360 mètres d'ouvrage ?

1445. Un pré a rapporté, la première année, 2,340 fr., la seconde 2,500, fr. la troisième 2,875 fr. la quatrième 1,980 fr., la cinquième 2,100 fr. et la sixième 2,000 fr.; quel est le revenu moyen de ce pré ?

1446. Quelle est la portée moyenne d'un fusil, qui à différentes fois a porté à 510 mètres, 530 mètres, 580 mètres, 525 mètres, 560 mètres et 570 mètres ?

1447. Une personne a mesuré à cinq reprises la longueur d'un champ ; la première fois elle a trouvé 675 mètres 40, la seconde fois 674 mètres 95, la troisième fois 675 mètres 25, la quatrième fois 675 mètres 60 et la cinquième fois 675 mètres 50 ; quelle est la longueur moyenne de cette propriété ?

1448. On a récolté, sur une propriété, une année 630 gerbes, une seconde année 745, une troisième année 590, une quatrième année 670, une cinquième année 712 et une sixième année 685 ; quel est le rapport moyen de cette propriété ?

1449. Il est né, dans une petite ville, 536 enfants une année, 630 une seconde année, 582 une troisième année et 548 une quatrième année ; quelle est la moyenne des naissances ?

1450. Un ouvrier a gagné 67 fr. pendant le mois de janvier, 56 fr. 60 pendant le mois de février, 70 fr. au mois de mars et 61 fr. 25 au mois d'avril ; combien a-t-il gagné en moyenne par mois ?

22° CARRÉS ET RACINES CARRÉES.

1451. Quel est le carré de 45 ?

1452. Quel est le carré de 432 mètres ?

1453. Combien le mètre carré contient-il de décimètres, de centimètres et de millimètres carrés ?

1454. Quel est le nombre dont la racine carrée est 122 ?

1455. Quel est le nombre dont la racine carrée, augmentée de 27 donne 63 ?

1456. Quel est le nombre dont le quadruple de la racine est égal à 56 ?

1457. Quelle est la racine carrée de 2,500 ?

1458. Un jardin de forme carrée contenant 4,900 mètres de superficie doit être entouré de murs ; quelle sera la longueur de ces murs ?

1459. Un fermier a 398,161 plants de betteraves à planter en carré ; combien y en aura-t-il dans chaque rangée ?

1460. Un pépiniériste a 2,116 pieds d'arbres à planter en carré ; combien doit-il en mettre dans chaque rangée ?

1461. 529 soldats doivent être rangés en carré ; combien doit-il y avoir d'hommes sur chaque côté ?

1462. Un propriétaire veut faire un jardin carré de la contenance de 156 ares 25 au milieu d'une de ses propriétés ; quelle dimension doit-il donner à ce carré ?

1463. Dans une plantation, il y a 23,409 peupliers plantés en carré ; combien y en a-t-il dans chaque rangée ?

1464. On a partagé 3,600 fr. entre un certain nombre d'ouvriers, de manière que chacun d'eux a eu autant de francs qu'il y avait d'individus ; combien étaient-ils d'ouvriers ?

1465. Un terrain carré de la contenance de 72 ares 25 est environné de deux rangées de peupliers plantés à 5 mètres de distance les uns des autres en tous sens ; combien y a-t-il de peupliers en tout ?

1466. Un propriétaire veut planter 2,880 sapins dans un terrain qui est cinq fois plus long que large ; combien y aura-t-il d'arbres sur chaque côté, s'ils sont également espacés ?

1467. Quelle est la racine carrée de 438 à un centième près ?

1468. Un jardinier a 1,444 choux à planter en carré, combien y en aura-t-il dans chaque rangée ?

1469. Quel est le pourtour d'un cadre entourant un tableau de 11 mètres 56 de surface ?

1470. Quelle est la racine carrée de 0,3456 jusqu'aux millièmes ?

1471. Quel est le carré de la fraction décimale 0,748 ?

1472. Quel est le carré de la fraction ordinaire $\frac{5}{7}$?

1473. Quelle est la racine carrée de $\frac{7}{8}$ à un millième près ?

1474. Quelle est la racine carrée de 18 unités $\frac{1}{6}$ à un centième près ?

1475. Quelle est la racine carrée de 27 unités 435 à un millième près ?

23° CUBES ET RACINES CUBIQUES.

1476. Quel est le cube de 45 ?

1477. Quel est le cube de 432 mètres ?

1478. Combien le mètre cube contient-il de décimètres, de centimètres et de millimètres cubes ?

1479. Quel est le nombre dont la racine cubique est 122 ?

1580 Quel est le nombre dont la racine cubique, augmentée de 27, donne 63 ?

1481. Quel est le nombre dont le quadruple de la racine cubique est 48 ?

1482. Quelle est la racine cubique de 125 ?

1483. Quelle est la racine cubique de 1,745 à 1 centième près ?

1484. Quel est le cube de la fraction décimale 0,463 ?

1485. Quel est le cube de la fraction ordinaire $\frac{5}{9}$?

1486. Quelle est la racine cubique de la fraction décimale 0,3964 à un centième près ?

1487. Quelle est la racine cubique de la fraction ordinaire $\frac{14}{15}$ à un centième près ?

1488. Quelle est la racine cubique de 17,8647 à un millième près ?

1489. Trouver la racine cubique du produit des 3 nombres 28, 42 et 57 à un dixième près ?

1490. Quelles sont les dimensions d'une boîte de forme cubique contenant 1 mètre cube 728 ?

1491. Quelles sont les dimensions d'un tas de bois de forme cubique, contenant 84 stères 328125 ?

1492. Quelles sont les dimensions d'une citerne de forme cubique, contenant 343 mètres cubes ?

1493. Quelles sont les dimensions d'une pierre formant un cube parfait et d'un volume de 13 mètres cubes 85?

1494. On veut construire un coffre qui puisse contenir 40 hectolitres de blé ; quelles en doivent être les dimensions, sachant qu'il doit former un cube parfait

1495. Un bûcher de forme cubique contient 53 stères de bois; quelles en sont les dimensions à un centimètre près?

1496. Un bassin de forme cubique contient 12,548 litres d'eau ; quelles en sont les dimensions à un centimètre près?

1497. Un morceau de bois de forme cubique présente un volume de 0 mètre cube 564 ; quelles en sont les dimensions à un millimètre près ?

1498. Quel est le volume d'un amas de pierre de 4 mètres 60 de long, 3 mètres 45 de large et de 2 mètres de hauteur ?

1499. Quel est le volume d'une pièce de bois de 6 mètres de long, 0 m. 40 d'une face et 0 m. 56 de l'autre?

1500. Quelles sont les dimensions d'une construction formant un cube parfait d'un volume de 216 mètres cubes?

24° RÈGLE DE FAUSSE POSITION, ETC.

1501. Un enfant veut partager des noix entre ses camarades; on demande combien il a de noix, sachant qu'il lui en manque 6 quand il en donne 12 à chacun et qu'il lui en reste 4 quand il n'en donne que 10?

1502. Un marchand veut acheter du blé près d'un cultivateur; combien possède-t-il, si en payant **23** fr. l'hectolitre il lui reste **17** fr. et qu'en payant **24** fr. l'hectolitre il lui manque **15** fr.?

1503. Si mes élèves me donnaient chacun **25** fr par mois, je pourrais acheter une pendule et avoir **250** fr. de reste; mais ils ne me donnent que **21** fr., de sorte que je n'ai plus que **154** fr. de reste; quel est le prix de ma pendule et le nombre de mes élèves?

1504. On partage **292** fr. entre **3** personnes de manière que la seconde ait **26** fr. de plus que la première et la troisième **45** fr. de plus que la seconde; quelle est la part de chaque personne?

1505. Quel est le nombre qui, augmenté de son $\frac{1}{5}$ et de son $\frac{1}{6}$, plus 7, donne 99?

1506. Le nombre des enfants d'un petit village, augmenté de ses $\frac{2}{9}$ plus **11** est de **61**; combien y a-t-il d'enfants dans ce village?

1507. Un berger interrogé sur le nombre de ses moutons, répond : si j'en avais encore autant, plus $\frac{1}{8}$ et le $\frac{1}{4}$ de ce que j'ai, plus **13**, j'en aurais **385**; combien en ai-je ?

1508. Un père de famille veut partager **13,500** fr. entre ses **4** fils, de manière que leurs parts soient entre-elles comme les nombres 2, 5, 7 et 11; quelle sera la part de chacun ?

1509. Un individu interrogé sur le nombre des pièces de 20 fr. qu'il a dans sa bourse, répond : si à ce que je possède on ajoutait $\frac{1}{8}$ plus 4 pièces, j'en aurais $\frac{1}{2}$ en sus; calculez ce que j'en ai?

1510. Quel est le nombre qui ajouté à son $\frac{1}{8}$, à son $\frac{1}{6}$, à son $\frac{1}{9}$ et augmenté de **1** donne 40?

1511. Une mère de famille veut apporter **12** pommes chez elle; elle sait qu'en passant chez sa fille on lui en prendra la moitié et que son fils lui en enlèvera le $\frac{1}{4}$ du reste; combien doit-elle en cueillir ?

1512. Un réservoir serait rempli en 15 heures par deux cours d'eau; le premier le remplirait en 24 heures; en combien de temps le second le remplirait-il?

1513. Une fermière va au marché avec un panier d'œufs; elle vend à une première personne $\frac{1}{2}$ de ses œufs plus $\frac{1}{2}$ d'un œuf, à une seconde personne $\frac{1}{2}$ de ce qui lui reste plus $\frac{1}{2}$ d'un œuf et à une troisième personne $\frac{1}{2}$ de ce qui lui reste plus $\frac{1}{2}$ d'un œuf, il ne lui reste rien dans son panier; combien avait-elle d'œufs?

1514. Quel est le nombre dont le double augmenté de 22 est égal à 176?

1515. Un père a le double d'âge de son fils; s'il avait 17 ans de moins et le fils 6 ans de plus, ils auraient le même âge; quel est l'âge de chacun?

1516. Partager 75 en deux parties dont la différence soit 17?

1517. Partager 532 entre 3 personnes de manière que la seconde ait 42 fr. de plus que la première et la troisième 73 fr. de plus que la seconde?

1518. Un bourgeois rencontre des pauvres auxquels il fait la charité; s'il donne 0 fr. 50 à chacun, il lui manque 0 fr. 45 et s'il ne donne que 0 fr. 45, il lui restera 0 fr. 20; combien y a-t-il de pauvres et combien possède-t-il?

1519. Un jardinier partage des poires entre des enfants qui sont venus visiter son verger; s'il donne 6 poires à chacun il lui en manquera 15, s'il n'en donne que 5 il lui en restera 8; combien y a-t-il d'enfants et combien le jardinier a-t-il de poires?

1520. La différence de deux nombres est 40, et le $\frac{1}{6}$ de l'un est égal au $\frac{1}{4}$ de l'autre; quel sont ces nombres?

1521. Un joueur perd la $\frac{1}{3}$ de son argent une première fois, la $\frac{1}{2}$ de ce qui lui reste une seconde fois, la $\frac{1}{2}$ de son second reste une troisième fois et la $\frac{1}{2}$ du dernier reste une quatrième fois ; il ne lui reste plus que 8 fr., combien avait-il avant de jouer ?

1522. Trois enfants doivent se partager un certain nombre de pommes ; le premier doit en avoir le $\frac{1}{8}$ plus 3, le second le $\frac{1}{4}$ plus 5 et il en reste 17 au troisième ; combien y a-t-il de pommes ?

1523. Deux fontaines coulent ensemble dans un bassin ; la première le remplirait en 4 heures et la seconde en 5 heures ; combien de temps les deux fontaines mettront-elles pour remplir le bassin en coulant à la fois ?

1524. Un père a 27 ans de plus que son fils ; ils ont ensemble 65 ans. Quel est l'âge de chacun ?

1525. Partager 57 fr. entre deux personnes de manière que l'une ait 9 fr. de plus que l'autre ?

1526. Trois personnes ont 321 fr. à se partager ; la première doit avoir trois fois plus que la seconde et celle-ci 4 fr. de plus que la troisième ; quelle est la part de chacune ?

1527. Deux roues ont fait ensemble 9,900 tours ; la première en fait 4 fois $\frac{1}{2}$ plus que la seconde ; combien chacune en a-t-elle fait ?

1528. Quatre personnes ont une somme de 9,010 fr. à se partager ; la part de chacune doit être le $\frac{1}{8}$ de la précédente ; combien chaque personne aura-t-elle ?

1529. Deux ouvriers travaillent ensemble ; le premier qui a fait 25 journées a reçu 13 fr. 25 de plus que le second qui n'a fait que 17 journées. Si le premier avait fait 30 journées et le second 9, il aurait touché 61 fr. 50 de plus que le second ; quel est le prix de la journée de chacun ?

1530. Deux ouvriers gagnent ensemble 9 fr. par jour ; quel est le prix de la journée de chacun, si, pour 13 journées de l'un et 5 journées de l'autre, ils ont reçu 79 fr.

1531. Diviser 54 en deux parties dont l'une soit le $\frac{2}{5}$ de l'autre ?

1532. 27 hectolitres de blé et d'orge ont coûté 363 fr. 75 ; le prix de l'hectolitre de blé est de 18 fr. 75 et l'orge coûte 9 fr. 25 ; combien y a-t-il d'hectolitres de chaque espèce ?

1533. Quarante-trois personnes, hommes et femmes ont gagné 162 fr. 75 en travaillant ensemble ; la journée d'un homme était payée 4 fr. 25 et celle d'une femme 3 fr. ; combien y avait-il d'hommes et de femmes ?

1534. Partager 962 fr. en deux parties, de manière qu'en divisant l'une par l'autre, on ait 12 pour quotient ?

1535. Partager 1092 en deux parties, de manière qu'en divisant l'une par l'autre, on ait 23 pour quotient et 12 pour reste ?

1536. Une horloge marque midi, à quelle heure se fera la première rencontre des deux aiguilles ?

1537. On demandait à un élève quelle somme il avait dans sa bourse ; il répondit : si j'avais les $\frac{3}{4}$ du $\frac{1}{3}$ du triple de ce que j'ai, j'aurais 7 fr. ; calculez ce que je possède ?

1538. Six héritiers se sont partagés une succession ; le premier en a eu $\frac{1}{6}$, le second $\frac{1}{7}$, le troisième $\frac{1}{9}$, le quatrième $\frac{1}{10}$, le cinquième $\frac{1}{12}$ plus 578 fr., et le sixième $\frac{2}{16}$; quel est le montant de cette succession ?

1539. Un bassin est alimenté par deux fontaines : la première le remplirait seule en 15 heures, et la seconde en 13 heures ; combien mettront-elles de temps à le remplir en coulant ensemble ?

1540. Un ouvrier pourrait faire un certain ouvrage en 13 jours, un second ouvrier le ferait en 17 jours et un troisième en 18 jours, s'ils travaillent tous les trois ensemble, combien mettront-ils de temps à le faire ?

14

1541. On demande quelle heure il est à la rencontre des deux aiguilles d'une horloge entre 9 et 10 heures ?

1542. Un train de chemin de fer, qui fait 48 kilomètres à l'heure, est sorti de l'embarcadère 8 heures avant un autre train qui fait 64 kilomètres à l'heure. A quelle distance ce dernier atteindra-t-il l'autre, s'il ont le même temps d'arrêt aux stations ?

1543. Combien les deux aiguilles d'une horloge se rencontrent-elles de fois pendant que l'aiguille des heures fait le tour du cadran ?

1544. Un homme a acheté 15 pièces de vin de deux qualités différentes pour 900 fr. ; le vin de la première espèce coûte 50 fr. la pièce et celui de la seconde 75 fr. ; combien y en a-t-il de pièces de chaque espèce?

1545. Un vigneron a vendu une première fois 4 pièces de vin ordinaire et 13 pièces de bon vin pour 1430 fr., une deuxième fois 7 pièces de vin ordinaire et 5 pièces de bon vin pour 905 fr. ; quel est le prix de la pièce de chaque espèce ?

1546. On demande à un maquignon qui revient de la foire combien il a dépensé ; il répond : j'avais emporté 1,800 fr. et il me reste le $\frac{1}{5}$ de ce que j'ai dépensé ; calculez vous-mêmes quelle est ma dépense ?

1547. Un jeune homme a dépensé le $\frac{1}{8}$, le $\frac{1}{4}$ et les $\frac{3}{7}$ de ce qu'il avait, en sorte qu'il lui reste une dette de 5 fr. ; combien possédait-il ?

1548. Un bassin est alimenté par trois fontaines : la première le remplirait en 16 heures, la seconde en 23 heures et la troisième en 25 heures ; combien mettront-elles de temps à le remplir en coulant ensemble?

1549. Un étang est alimenté par 3 ruisseaux : le premier le remplirait en 12 heures, le second en 18 heures et le troisième en 24 heures; une vanne peut le vider en 9 heures. Si les 3 ruisseaux et la vanne coulent en même temps, combien faudra-t-il d'heures pour que l'étang soit rempli?

1550. Quel est le cinquième et demi de **30** unités $\frac{4}{7}$?

25° MESURES DES SURFACES.

1551. Quelle est la superficie d'un terrain carré de **48** mètres de côté?

1552. Quelle est la superficie d'un rectangle de **67** mètres de long sur **38** mètres de large?

1553. Quelle est la superficie d'un parallélogramme de **172** mètres de long sur **63** mètres de hauteur?

1554. Quelle est la superficie d'un losange dont le grand axe a **126** mètres et le petit **47** mètres?

1555. Quelle est la surface d'un losange de **87** mètres de base sur **39** mètres de hauteur?

1556. Quelle est la surface d'un trapèze dont la grande base a **347** mètres, la petite **189** et dont la hauteur est de **64** mètres?

1557. Quelle est la surface d'un triangle de **135** mètres de base sur **59** mètres de hauteur?

1558. Quel est le diamètre d'un cercle qui a **436** mètres de circonférence?

1559. Quelle est la circonférence d'un cercle qui a **22** mètres **75** de diamètre?

1560. Quel est le rayon d'un cercle de **137** mètres **60** de circonférence?

1561. Quelle est la circonférence d'un cercle qui a **17** mètres **25** de rayon?

1562. Quelle est la surface d'un cercle de **53** mètres **45** de diamètre?

1563. Quelle est la surface d'un cercle de **36** mètres **85** de rayon?

1564. Quelle est la surface d'un cercle de **218** mètres **62** de circonférence?

1565. Quelle est la contenance d'un jardin formant

un rectangle de 126 mètres de long sur 35 mètres 60 de large?

1566. Quelle est la surface d'un bassin de forme circulaire ayant 73 mètres de diamètre?

1567. Une cour formant un carré de 28 mètres de côté doit être pavée avec des dalles de 0 mètre 50 de long sur 40 centimètres de large; combien faudra-t-il de dalles?

1568. Une salle de 10 mètres 75 de long sur 8 mètres 50 de large doit être plafonnée à raison de 3 fr. 75 le mètre carré; combien devra-t-on payer pour cet ouvrage?

1569. Un pré formant un triangle de 236 mètres de base sur 185 mètres de hauteur a été vendu à raison de 0 fr. 45 le mètre carré; combien doit-on payer en tout?

1570. Quelle est la surface latérale d'un cylindre de 5 mètres 60 de hauteur et 1 mètre 85 de circonférence?

1571. Une allée a 438 mètres carrés de surface et sa largeur est de 4 mètres 75; quelle est sa longueur?

1572. Un verger formant un rectangle a 167 mètres 40 de long, sur 85 mètres 25 de large; quelle en est la surface?

1573. Un mur de 436 mètres de long sur 2 mètres 70 de hauteur a été construit à raison de 4 fr. 25 le mètre carré; combien doit-on payer au maçon?

1574. On prend 9 fr. 25 par mètre carré pour paver un appartement; combien devra-t-on donner à l'ouvrier, sachant que cet appartement a 5 mètres 35 de long sur 4 mètres 60 de large?

1575. Un peintre demande 240 fr. pour la peinture d'un panneau triangulaire de 12 mètres de base sur 8 mètres de hauteur; à combien revient le mètre carré?

1576. Quelle est la superficie d'un pré de 538 mètres de long sur 272 mètres de large ?

1577. Une chambre a 5 mètres 40 de long, 4 mètres 80 de large et 3 mètres 15 de hauteur; quelle est la surface totale des 4 murs de cette chambre ?

1578. La flèche d'un clocher forme une pyramide rectangulaire dont les triangles ont 5 mètres 85 de base et 13 mètres 40 de hauteur; quelle en est la surface?

1579. On donne 0 fr. 15 par mètre carré pour cultiver un potager composé de 8 carrés de chacun 27 mètres 60 de côté; que doit-on pour ce travail?

1580. Combien faut-il de carreaux de 0 mètre 30 de long sur 0 mètre 18 de large pour carreler une chambre de 7 mètres 40 de long sur 5 mètres 85 de large?

1581. Un plateau de 4 mètres carrés 67 a été payé 16 fr. 50; à combien revient le mètre carré?

1582. La superficie d'un terrain de 1347 mètres de long sur 975 mètres 65 de large a été partagé en 12 parties égales; quelle est la contenance de chaque partie?

1583. Dans une propriété de 234 mètres de long, on doit prendre une contenance de 39 ares 78 centiares; quelle largeur doit-on prendre ?

1584. Quelle est la base d'un triangle de 85 mètres de hauteur et dont la surface est de 62 ares 05 centiares?

1585. Quelle est la hauteur d'un triangle contenant 138 ares et dont la base est de 240 mètres ?

1586. Quel est le côté d'un carré de la contenance de 4 hectares 75 ares 24 centiares ?

1587. Un triangle rectangle contient 92 ares 48; la base est égale à la hauteur; quelles sont ses dimensions

1588. Combien faudrait-il de planches de 4 mètres de long sur 0 m. 33 de large pour faire un plancher de 6 mètres 75 de long sur 5 mètres 40 de large?

1589. On a fait rocher la façade d'une maison moyennant 1 fr. 25 par mètre carré; combien faudra-t-il payer à l'ouvrier, sachant que cette façade a 13 m. 45 de long sur 5 m. 75 de hauteur?

1590. Combien doit-on payer à des maçons, pour la construction d'une maison dont les gouttières ont chacune 18 mètres 25 de long sur 6 mètres 15 de hauteur, les 2 pignons 15 mètres 35 de long chacun, les pointes des deux pignons 5 mètres 50 de hauteur chacune et les deux murs intérieurs de séparation chacun 14 mètres de long sur 3 mètres de hauteur, sachant que le tout a été fait à raison de 1 fr. 75 le mètre carré?

1591. Quelle est la hauteur d'un rectangle de la contenance de 65 ares 25 et dont la base est de 140 mètres.

1592. Quelle est la base d'un rectangle de la contenance de 30 ares 45 et dont la hauteur est de 35 mètres?

1593. Un triangle de 108 mètres de base et 64 mètres de hauteur doit être échangé contre un terrain carré de même superficie; quel sera le côté de ce carré?

1594. Un terrain triangulaire de 217 mètres de base sur 135 mètres de hauteur doit être échangé contre un rectangle de même contenance et de 315 mètres de base; quelle doit être la hauteur de ce rectangle?

1595. Quel sera le côté d'un carré de même superficie qu'un cercle de 48 mètres de rayon?

1596. Les deux côtés de la couverture d'une maison ont chacun 12 mètres 35 de long sur 5 mètres 25 de hauteur; combien doit-on payer au couvreur à 2 fr. 85 le mètre carré?

1597. On fait peindre, des deux côtés, une porte de 2 mètres 30 de hauteur sur 1 mètre 15 de large, à raison de 2 fr. 35 le mètre carré ; que doit-on payer au peintre ?

1598. Un puits de 4 mètres 45 de profondeur et 1 mètre 35 de diamètre a été cimenté à raison de 3 fr. 45 le mètre carré ; que doit-on payer pour cet ouvrage ?

1599. Un menuisier a fait un lambris de 1 mètre 25 de hauteur dans une salle de 12 mètres de longueur, 8 mètres 40 de large pour 216 fr. 75 ; à combien revient le mètre carré de ce lambris ?

1600. Quelle est la hauteur d'un triangle de 124 mètres de base et de même superficie qu'un carré de 65 mètres de côté ?

1601. On fait paver une salle de 8 mètres 30 de long sur 5 mètres 80 de large à raison de 3 fr. 15 le mètre carré ; quel est le prix de cet ouvrage ?

1602. Les côtés parallèles d'un trapèze ont, l'un 46 mètres 25 et l'autre 31 mètres 45, la hauteur de ce trapèze est de 23 mètres 75 ; quelle en est la surface ?

1603. Quelle est la surface d'un toit composé de 2 trapèzes et de deux triangles, chaque trapèze ayant 22 mètres de base inférieure et 16 mètres de base supérieure sur 8 mètres de hauteur, et chaque triangle ayant la même hauteur que les trapèzes sur 13 mètres de base ?

1604. Une propriété est composée de 2 triangles : le premier a 132 mètres 20 de base sur 43 mètres de hauteur et le second 78 mètres de base sur 103 mètres de hauteur ; quelle est la surface de cette propriété ?

1605. Le diamètre d'un cercle est de 2 mètres 85 ; quel en est le rayon ?

1606. Un bassin de forme circulaire a 27 mètres 45 de diamètre ; quelle en est la surface ?

1607. Combien coûte la couverture d'un bâtiment de ferme dont les deux côtés ont chacun 45 mètres de long sur 12 mètres 60 de large à 1 fr. 75 le mètre carré ?

1608. Quelle est la surface totale d'un cylindre de 2 mètres 25 de diamètre et de 6 mètres 75 de hauteur?

1609. Quelle est la surface totale d'un cône de 12 mètres 45 de circonférence et dont la distance du sommet à la circonférence est de 7 mètres 35 ?

1610. Quelle est la surface d'une pyramide pentagonale dont chaque triangle a 3 mètres 25 de base et 6 mètres 65 de hauteur ?

1611. Quelle est la surface totale d'un cube régulier qui a 1 mètre 55 d'arête ?

1612. Quelle est la surface d'une sphère de 1 mètre 85 de diamètre?

1613. La boiserie d'une salle de 15 mètres de longueur sur 8 mètres 60 de largeur, a 2 mètres 10 de hauteur; combien faut-il payer au peintre qui l'a mise en couleur à raison de 3 fr. 75 le mètre carré ?

1614. Combien doit-on payer pour peindre la couverture de la flèche d'un clocher à raison de 1 fr. 75 le mètre carré, sachant que cette flèche est une pyramide octogonale dont chaque triangle a 5 mètres de base sur 16 mètres 66 de hauteur?

1615. Un terrain se compose de 3 trapèzes et de deux triangles; le premier trapèze a 45 mètres et 79 mètres pour les côtés parallèles et 42 mètres de hauteur, le second 79 mètres et 112 mètres 5 pour côtés parallèles et 54 mètres de hauteur, le troisième 112 mètres et 92 mètres pour côtés parallèles et 27 mètres de hauteur; le premier triangle a 19 mètres de base et 45 de hauteur, le second 25 de base et 92 de hauteur; quelle est la superficie de ce terrain?

1616. Quelle est la superficie d'un triangle dont les côtés sont 172 mètres, 208 mètres et 192 mètres ?

1617. Combien faut-il de dalles de 0 m. 45 de long sur 0 m. 38 de large pour paver une cour formant un trapèze de 26 mètres de hauteur et dont les bases sont 48 mètres 35 et 39 mètres 64 ?

1618. Quel est le carré dont la superficie serait égale à un triangle dont les trois côtés sont 128 m. 60, 97 m. 15 et 105 m. 45 ?

1619. Quelle est la surface d'un fond de ballonge formant une ellipse dont le grand axe a 2 mètres 90 de longueur et le petit axe 1 mètre 65 ?

1620. Le fond d'une baignoire, de forme ovale, a 1 mètre 75 de longueur pour le grand axe et 0 m. 63 de largeur pour le petit axe ; quelle en est la surface ?

26° MESURE DES VOLUMES.

1621. Quel est le volume d'un cube régulier de 1 mètre 25 d'arête ?

1622. Quel est le volume d'un prisme qui a 3 mètres carrés 65 de surface à la base et 1 mètre 85 de hauteur ?

1623. Quel est le volume d'un cylindre qui a 2 mètres carrés 18 de base sur 7 mètres 40 de hauteur ?

1624. Quel est le volume d'une pyramide qui a 18 mètres carrés 75 de base sur 45 mètres 30 de hauteur ?

1625. Quel est le volume d'un cône qui a 9 mètres carrés 68 de base sur 13 mètres de hauteur ?

1626. Quel est le volume d'une sphère de 2 mètres 35 de diamètre ?

1627. Quel est le volume d'un cube elliptique dont les axes sont 2 mètres 45 et 1 mètre 80 et qui a 0 mètre 75 de hauteur ?

1628. Quel est le volume d'un bloc de pierre de 3 mètres 40 de long, 1 mètre 15 de large et 0 mètre 65 de hauteur ?

1629. Quel est le volume d'une pyramide quadrangulaire de 25 mètres de hauteur et dont la base est un rectangle de 4 mètres de long sur 3 mètres 45 de large ?

1630. Quelle est la contenance en litres d'un bassin de 2 mètres 45 de long, 1 mètre 86 de large et 2 mètres 17 de hauteur ?

1631. Combien un mur de 167 mètres de long 0 mètre 55 d'épaisseur et 2 mètres 10 de hauteur contient-il de mètres cubes ?

1632. Quelle est la contenance en litres d'un puits de 5 mètres de profondeur sur 1 mètre 25 de diamètre ?

1633. Combien une futaille de 0 mètre 85 de longueur intérieure, 0 mètre 60 de diamètre dans les fonds et 0 mètre 72 de diamètre à la bonde, contient-elle de litres ?

1634. Quel est, en décistères, le volume d'une pièce de bois équarrie ayant 0 mètre 35 d'une face, 0 mètre 43 de l'autre, sur 4 mètres de longueur ?

1635. Quel est le volume d'un tas de bois de 6 mètres 45 de long, 5 mètres 30 de large, sur 3 mètres de hauteur ?

1636. Quelle est, en hectolitres, la contenance d'une caisse de 3 mètres de long, 2 mètres 15 de large et 1 mètre 25 de profondeur ?

1637. Quelle est la solidité d'une colonne de forme cylindrique de 2 mètres 65 de circonférence sur 9 mètres 65 de hauteur ?

1638. Quelle est la contenance en décistères d'un chêne ayant 1 mètre 75 de circonférence au milieu sur 7 mètres de hauteur au cinquième déduit ?

1639. Combien un hêtre de 4 mètres 45 de circonférence au milieu sur 5 mètres 54 de hauteur contient-il de décistères au sixième déduit ?

1640. Combien un sapin de 20 mètres 60 de long sur 1 mètre 42 de circonférence au milieu, contient-il de décistères au neuvième déduit?

1641. Quel est l'équarrissage d'une pièce de bois en grume de 3 mètres 12 de circonférence, au sixième déduit?

1642. Quelle est la solidité d'un prisme de 3 mètres 25 de long, 2 mètres 64 de large et 6 mètres 40 de hauteur?

1643. Un bassin de forme circulaire a 17 mètres 85 de rayon sur 1 mètre 35 de profondeur; quelle en est la contenance en litres?

1644. Combien faut-il de pierres de 2 décimètres cubes 25 pour construire un mur de 27 mètres de long, 0 mètre 60 d'épaisseur et 3 mètres 40 de hauteur?

1645. Une citerne a 5 mètres 30 de long, 4 mètres 25 de large; combien contient-elle de litres d'eau lorsqu'il y en a de 2 mètres 55 de hauteur?

1646. On a payé 480 fr. pour la construction d'un mur de 64 mètres de long, 3 mètres de hauteur et 0 mètre 60 d'épaisseur; à combien revient le mètre cube de maçonnerie?

1647. Quel est le volume d'un amas de terre, de forme conique, ayant 462 mètres de circonférence sur 48 mètres 55 de hauteur?

1648. Quel est le volume d'une sphère de 19 mètres 75 de circonférence?

1649. Combien un fossé de 162 mètres de long, 3 mètres 45 de large et 1 mètre 80 de profondeur peut-il contenir de kilolitres d'eau?

1650. Un canal a 4 mètres de largeur au fond, 6 mètres 65 à l'ouverture, 3 mètres 10 de profondeur et 350 mètres de long; combien peut-il contenir d'hectolitres d'eau?

1651. Quelle est l'arête d'un cube régulier qui a un volume de 4 mètres cubes 913?

1652. Quelle est la hauteur d'un prisme de 4 mètres carrés 32 de base et qui contient 14 mètres cubes 904?

1653. Quelle est la surface d'un prisme d'un volume de 39 mètres cubes 150 et qui a 7 mètres 25 de hauteur?

1654. Quelle est la hauteur d'une colonne de forme cylindrique présentant un volume de 25 mètres cubes 8 et dont la surface de la base est 2 mètres carrés 15?

1655. Quel est le rayon d'un cylindre de 13 mètres 60 de long et dont le volume est 43 mètres cubes 52?

1656. Quelle est la hauteur d'une pyramide contenant 54 mètres cubes 684 et dont la base est de 17 mètres cubes 64?

1657. Quelle est la base d'une pyramide contenant 16 mètres cubes $\frac{1}{8}$ et dont la hauteur est de 8 mètres?

1658. La solidité d'un cône est de 14 mètres cubes 4, la surface de la base est de 3 mètres cubes 60 ; quelle en est la hauteur?

1659. Quelle est la circonférence de la base d'un cône ayant 26 mètres cubes 355 de volume et dont la hauteur et de 17 mètres 40?

1660. Quelle est la surface d'une sphère d'un volume de 2 mètres cubes 428?

1661. Quelle est la hauteur d'un cube elliptique d'un volume de 2 mètres cubes 205 et dont la surface de la base est de 3 mètres carrés 15?

1662. Quelle est la surface d'un cube elliptique de 1 mètre cube 47 de solidité et dont la hauteur est de 0 mètre 60?

1663. Quel est le rayon d'une spère dont la solidité est de 1 mètre cube 692?

1664. Quel est le volume d'une pyramide tronquée, dont les bases sont 6 mètres carrés 25 et 1 mètre carré 68 et dont la hauteur est 5 mètres 45?

1665. Quelle est la solidité d'un cône tronqué dont les bases ont 3 mètres 15 et 0 mètre 85 de rayon et dont la hauteur est de 7 mètres 60?

1666. Quelles seront les dimensions d'un cube équivalant à une sphère de 1 mètre de rayon?

1667. Quel sera le diamètre d'une sphère équivalant à 1 mètre cube d'arête?

1668. Une citerne a 4 mètres 2 de long, 3 mètres 6 de large; à quelle hauteur l'eau devra-t-elle s'élever pour qu'il y en ait 30,240 litres?

1669. Un fossé a 4 mètres de large sur 2 mètres de profondeur; quelle longueur devra-t-on lui donner pour qu'il puisse contenir 1,160 mètres cubes d'eau?

1670. Quelle est la quantité d'air contenue dans une salle de 13 mètres 25 de long, 7 mètres 75 de large et 3 mètres 10 de hauteur?

1671. Quel est le nombre de mètres cubes de maçonnerie d'un puits formant un cylindre, si le diamètre intérieur est de 1 mètre 12 et y compris la maçonnerie 2 mètres 42 et que la profondeur de ce puits soit de 13 mètres?

1672. Combien un cuveau formant un cône tronqué dont les diamètres sont 1 mètre 36 et 1 mètre 08 et qui a 0 mètre 67 de hauteur contient-il de litres?

1673. Quelle est la contenance d'une ballonge de 0 mètre 75 de profondeur et dont les bases sont deux ellipses ayant la première 1 mètre 65 et 1 mètre 25 pour axe, et la seconde 1 mètre 35 et 1 mètre?

1674. Quel est le volume d'une pyramide triangulaire qui a 17 mètres de hauteur et dont les 3 côtés de la base ont chacun 6 mètres de long?

1675. Combien peut-on mettre d'hectolitres de blé dans un coffre de 2 mètres 10 de long, 0 mètre 85 de hauteur et 0 mètre 90 de large?

1676. Un morceau de pierre plongé dans un baquet plein d'eau en a fait échapper 8 litres 45 ; quel en est le volume?

1677. Quelle est la contenance d'un baril dont le diamètre du milieu est 0 mètre 45, celui des fonds de 0 mètre 39 sur une longueur intérieure de 0 mètre 56 ?

1678. Quelle est la contenance d'un tonneau dont la longueur intérieure est de 0 mètre 82, le diamètre du bouge 0 mètre 63 et celui du jable 0 mètre 57?

1679. Quelle est en stères la solidité d'une pile de bois de charbonnette de 25 mètres 60 de long, 1 mètre 45 de hauteur et 1 mètre 15 de largeur?

1680. Une cuve dont le diamètre du bouge est de 3 mètres 10, celui des fonds 2 mètres 95 et qui a 1 mètre 85 de hauteur, est pleine de vin ; combien en contient-elle d'hectolitres?

27° NOMBRES COMPLEXES.

1681. Combien y a-t-il de jours, d'heures, de minutes et et de secondes dans 13 années de chacune 365 jours ? *Dans toutes les questions qui vont suivre, les années seront comptées de 365 jours.*

1682. Combien y a-t-il de minutes, d'heures, de jours et d'années dans 63,072,000 secondes ?

1683. Un jeune homme s'est marié à l'âge de 27 ans 3 mois 14 jours 5 heures 26 minutes ; il a été avec sa femme pendant 18 ans 7 mois 8 jours 4 heures 45 minutes et est mort après avoir été veuf pendant 23 ans 1 mois 25 jours 17 heures 12 minutes ; quel était son âge ?

1684. Une personne est née le 4 avril 1833 à 5 heures 25 minutes du matin ; quel sera son âge le 3 octobre 1867 à 11 heures 45 minutes du soir ?

1685. Un enfant qui a aujourd'hui 8 ans 7 mois 22 jours et 5 heures désirerait avoir 4 fois cet âge ; quel serait alors son âge ?

1686. Un vieillard a 73 ans 9 mois 14 jours 20 heures 52 minutes et il désirerait n'en avoir que le quart ; quel serait son âge ?

1687. Si la population du globe est de 1,000,000,000 d'habitants et que chaque génération se renouvelle tous les 33 ans, combien meurt-il d'individus par an, par jour et par minute.

1688. Un ouvrier a reçu 136 fr. 53 pour un ouvrage qui a duré 37 jours, en travaillant 9 heures par jour ; combien gagnait-il par heure ?

1689. Un rentier a 3,407 fr. à dépenser par an ; combien a-t-il à dépenser par jour, par heure et par minute ?

1690. Un individu a vécu 738,465,376 secondes ; quel est son âge en années, jours, heures et minutes ?

1691. Combien a vécu de secondes une personne qui a 23 ans 7 mois et 5 jours ?

1692. Combien faudra-t-il de jours à un ouvrier pour faire 270 mètres d'ouvrage s'il en fait 1 mètre 50 à l'heure et qu'il travaille 9 heures par jour ?

1693. J'ai aujourd'hui 12 ans 10 mois 4 jours 7 heures 35 minutes, et mon frère 9 ans 11 mois 7 jours 13 heures ; quelle est la différence de nos âges?

1694. Un cercle contient 360 degrés, chaque degré 60 minute et chaque minutes 60 secondes ; d'après cela, combien le cercle contient-il de secondes ?

1695. Combien l'angle droit, qui est le $\frac{1}{4}$ de la circonférence du cercle, contient-il de degrés, de minutes et de secondes ?

1696. Un angle a 85 degrés 50 minutes 36 secondes, un second angle 112 degrés 23 minutes et un troisième angle 48 degrés 17 minutes 45 secondes ; quel est le nombre de degrés des trois angles ?

1697. Un angle avail 126 degrés 43 minutes 18 secondes ; on en a retranché 67 degrés 50 minutes 26 secondes ; combien reste-t-il de degrés.

1698. Combien s'est-il écoulé de secondes depuis la naissance de Jésus-Christ jusqu'en 1860 ?

1699. Quel est le produit de 8 ans 9 mois 25 jours 10 heures 43 minutes et 52 secondes par 128 unités ?

1700. Combien y a-t-il de semaines dans 64345 jours ?

28° RÉCAPITULATION GÉNÉRALE. (*)

1701. Un propriétaire a récolté, dans une de ses fermes 1,224 hectolitres de froment, 947 hectolitres dans une autre et la troisième lui en a produit autant que les deux autres ensemble ; combien a-t-il récolté d'hectolitres en tout ?

1702. Deux ouvriers travaillant ensemble ont fait en 24 jours 85 mètres 75 d'ouvrage pour lesquels ils ont reçu 150 fr. ; dans une autre circonstance, ils ont travaillé pendant 37 jours et ont fait 207 mètres 50 d'ouvrage pour 373 fr. 50 ; combien ont-ils travaillé de jours, combien ont-ils fait de mètres d'ouvrage et combien ont-ils gagné?

1703. Un propriétaire a 4 propriétés ; la première contient 125 hectares 8 ares, la deuxième 78 hectares 45 centiares, la troisième 108 hectares et la quatrième 9,757 ares 45 centiares ; combien a-t-il de terrain en tout?

1704. Je devais une certaine somme ; j'ai d'abord payé 1,025 fr., ensuite 813 fr. et enfin 2,320 fr., je dois encore 508 fr. ; quelle était cette dette?

1705. Une ménagère a acheté au marché pour 3 fr. 75 de beurre, 1 fr. 15 d'œufs, 5 fr. 45 de volaille, 2

(*) Problèmes par Juy, instituteur.

fr. 75 de poisson et 0 fr. 85 de légumes; combien a-t-elle dépensé en tout?

1706. Un marchand a acheté 235 litres de vin pour 75 fr. 25, 408 litres pour 100 fr., 180 litres pour 45 fr. 75 et 275 litres pour 87 fr. 50; combien a-t-il acheté de litres de vin et pour quelle somme?

1707. Un négociant a payé 4 effets; le premier de 785 fr., le deuxième de 578 fr., le troisième de 1,227 fr. et le quatrième de 856 fr., il lui reste encore en caisse 1,132 fr.; combien avait-il en tout?

1708. Une succession a été partagée de la manière suivante : un premier héritier a eu 12,580 fr., le deuxième 6,290 fr. et un troisième 3,145 fr. de plus que le deuxième; on a donné, en outre, 5,450 fr. au bureau de bienfaisance; quel était le montant de la succession?

1709. Un propriétaire a acheté une maison qu'il revend 18,575 fr., on sait qu'il a fait un bénéfice de 4,285 fr.; combien l'avait-il achetée?

1710. Un ouvrier aurait dû recevoir 48 fr. 50 pour sa semaine; comme il a perdu du temps on lui fait une retenue de 9 fr. 75; combien doit-il recevoir?

1711. Deux frères ont une somme de 14,375 fr. à à se partager : l'aîné doit avoir 8,547 fr.; quelle sera la part de l'autre

1712. Un entrepreneur devait recevoir 1,035 fr. pour un ouvrage; mais comme il n'a pas suivi le plan qui lui a été donné, il n'a reçu que 895 fr. 35; quelle retenue lui a-t-on faite?

1713. Une personne possède 847 fr. 50; elle doit à un premier créancier 247 fr.. à un deuxième 178 fr. 45 et à un troisième 207 fr. 55, que lui reste-t-il après avoir payé ses dettes?

2714. Un marchand reçoit un ballot de marchandise qui lui coûte 175 fr. 45 d'achat et 7 fr. 50 de frais; en le revendant 204 fr., quel est son gain?

15

2715. Si 5 mètres $\frac{4}{7}$ coûtent 54 fr.; que coûte le mètre?

1716. On a acheté 15 mètres 25 d'étoffe à 5 fr. 25 le mètre et 18 mètres à 4 fr. 50; quelle est la dépense?

1617. Un père de famille a acheté pour 680 fr. 70 de blé au prix de 5 fr. 45 le double-décalitre; combien en a-t-il reçu de doubles?

1718. Quelqu'un a acheté 158 kilog. de marchandise à 3 fr. 25 le kilog., on a payé 415 fr. en recevant la marchandise; que reste-t-il à payer?

1719. Un rentier a un revenu annuel de 1,642 fr. 50; il veut mettre de côté 1 fr. 25 par jour; quelle est sa dépense journalière?

1720. Un ouvrier fait les $\frac{3}{5}$ d'un ouvrage en 2 jours; combien lui faudra-t-il de temps pour le faire entièrement?

1721. J'ai acheté 24 ares 24 que je dois prendre dans une propriété dont la longueur est de 216 mètres; combien dois-je prendre de mètres en largeur?

1722. Quel est le volume de 547 kilogrammes d'eau?

1723. Partager une somme de 3,850 fr. entre deux personnes, de manière que la seconde ait les $\frac{3}{4}$ de la première?

1724. Un officier qui a 4,000 fr. à dépenser par an dépense 8 fr. 75 par jour; combien économisera-t-il dans 12 ans?

1725. J'ai acheté 365 bouteilles pour 67 fr. 50, je les ai vendues 25 fr. le 100; quel sera mon bénéfice ayant payé 17 fr. pour le transport?

1726. Un marchand a acheté 4 pièces de vin : la première contient 1 hectolitre 6 litres et coûte 78 fr. 80, la deuxième contient 2 hectolitres 25 litres et coûte 94 fr. 15, la troisième contient 1 hectolitre 30 litres et coûte 59 fr. 85 et la quatrième contient 2 hectolitres 65 litres et coûte 65 fr.; combien a-t-il acheté de litres, combien a-t-il payé et quel sera son bénéfice s'il revend le litre 0 fr. 63 ?

1727. Un menuisier a 3 compagnons : le premier lui gagne 0,85 centimes par jour, le deuxième 1 fr. 05 et le troisième 1 fr. 25 ; quel sera son bénéfice au bout de 6 semaines ?

1728. On demande l'intérêt annuel de 1,500 fr. à 4 ½ pour 100 ?

1729. Une personne présente à un banquier un billet de 3,900 fr. payable dans 5 mois ; on demande ce que le banquier doit lui remettre en comptant 6 pour 100 d'escompte par an ?

1730. On mêle 75 litres de vin à 0 fr. 45 le litre avec 3 litres d'eau-de-vie à 1 fr. 75 le litre et 4 litres d'eau ; à combien revient le litre du mélange ?

1731. Un marchand achète pour 2,375 fr. de marchandise, en la revendant il gagne 16 pour 100 ; combien doit-il recevoir en tout ?

1732. Le mètre de toile coûte 1 fr. 60 et il faut 3 mètres pour faire une chemise ; quelle dépense fera-t-on pour avoir 3 douzaines de chemises, si l'on paie 0 fr. 90 de façon par chemise ?

1733. Un père de famille gagne 6 fr. 50 par jour, la mère 3 fr. 75 et les 4 enfants chacun 2 fr. 25 ; s'ils dépensent 7 fr. 85 par jour, quelle sera leur économie par semaine ?

1734. Un entrepreneur a 10 ouvriers qui ont fait 100 mètres d'ouvrage en travaillant 12 jours et 12 heures par jour ; combien 25 ouvriers en travaillant 9 jours et le même nombre d'heures par jour en feront-ils ?

1735. Dans 2 ans, on a gagné 120 fr. avec 1,500 fr.; combien gagnera-t-on dans 7 ans avec 2,500 fr.

1736. Pour lambrisser une salle, longue de 9 mètres et large de 5 mètres 75, on a payé 378 fr.; combien faudrait-il payer pour une salle de 12 mètres 25 de long sur 6 mètres 60 de large?

1737. Deux ouvriers travaillant ensemble ont gagné 265 fr. 50 : le premier qui a travaillé 25 jours et 12 heures par jour a reçu 135 fr.; combien l'autre a-t-il dû employer de journées de 10 heures pour gagner le reste?

1738. Deux marchands se sont associés et ont perdu 500 fr.: le premier avait mis 1,875 fr. et le second 2,125 fr.; quelle est la perte de chacun?

1739. Un ouvrier a fait pendant la première heure le $\frac{1}{8}$ de son ouvrage, pendant la deuxième les $\frac{3}{7}$ et pendant la troisième le $\frac{1}{6}$; combien en a-t-il fait en tout?

1740. On achète 400 fr. de rente 3 pour 100 au cours de 68 fr. 40; à quel cours faut-il revendre pour gagner 600 fr.?

1741. Une étoffe ayant 7 mètres de long coûte 12 fr. le mètre ; combien doit-on revendre le mètre pour gagner 13 fr. 50 sur le tout ?

1742. On fait un mélange de 75 hectolitres à 19 fr. 65 l'hectolitre, 54 hectolitres à 22 fr. 85 l'un et 48 hectolitres à 27 fr. 50 l'un ; quel est le prix d'un hectolitre du mélange?

1743. Dans quelle proportion faut-il mêler un liquide à 22 fr. et à 15 fr. l'hectolitre, pour que l'hectolitre du mélange revienne à 19 fr.?

1744. Trois jeunes gens ont mis dans le commerce une somme de 15,685 fr.; combien recevront-ils chacun, sachant que leur argent a rapporté 8 fr. 75 pour 100 et que leurs mises sont proportionnelles à 2, 3 et 5?

1745. Une prime de 210 fr. sur 35,000 fr. est-elle plus forte qu'une prime de 125 fr. sur 25,000 fr. et de combien pour 100?

1746. Un navire est assuré à **4** pour **100**, la cargaison vaut **450,000** fr. et on éprouve **21,000** fr. d'avaries; quelle est la perte des assureurs

1747. Quelle est la base d'un triangle ayant **70** mètres de hauteur et dont la surface est égale à celle d'un carré ayant **38** mètres de côté?

1748. Trois personnes ont à se partager un héritage de **17,560** fr. : la première doit avoir le double de la seconde et celle-ci le triple de la troisième; quelle est la part de chacune?

1749. Un marchand achète pour **357** fr. **60** de marchandises, en les revendant il gagne les $\frac{5}{16}$ du prix d'achat; quel est son gain?

1750. Un enfant disait à l'un de ses camarades : si tu me donnais les $\frac{2}{5}$ de ce que j'ai de billes, j'en aurais **49**; combien en avait-il?

1751. Un marchand a acheté du blé pour **2,848** fr. **75**, à raison de **13** fr. **25** l'hectolitre; combien doit-il revendre le double-décalitre pour qu'avec son bénéfice il puisse acheter **5** hectolitres **45** litres de vin à **23** fr. **50** l'hectolitre?

1752. Que doit-on payer pour la couverture d'un toit ayant des deux côtés **12** mètres **35** de longueur sur **4** mètres **25** de hauteur à raison de **10** fr. **50** pour **4** mètres carrés?

1753. Deux personnes doivent se partager une somme de **312** fr.: la première doit avoir les $\frac{4}{7}$ et l'autre les $\frac{2}{8}$ de cette somme; quelle doit-être la part de chacune?

1754. Un marchand fait une remise de **6** $\frac{1}{9}$ pour **100** sur le prix de sa marchandise qui est de **758** fr. **75**; quelle somme doit-on lui payer?

1755. Une personne a emprunté **875** fr. pour **8** mois à **5** pour **100** par an; quel est le montant de l'effet commercial à souscrire?

1756. Une personne a acheté 240 fr. de rentes 3 pour 100 au cours de 73 fr 50 ; elle les revend au cours de 72 fr 25 ; quelle est sa perte ?

1757. Un marchand achète pour 650 fr. de drap à 4 mois de crédit ; il le revend aussitôt pour 780 fr. payable dans 6 mois ; quel est son gain, l'intérêt étant compté à 6 pour 100 ?

1758. Quelle est la superficie d'un trapèze dont les côtés parallèles ont 87 mètres 75 et 102 mètres 40 et dont la hauteur est de 59 mètres 80 ?

1759. Quelle est la hauteur d'un triangle qui a 83 mètres de base et dont la superficie est de 46 ares 48 ?

1760. On a partagé 384 fr. 25 entre 82 personnes, tant hommes que femmes ; les hommes ont reçu chacun 5 fr. 25 et les femmes chacune 4 fr.; combien y avait-il d'hommes et de femmes ?

1761. Un troupeau de 235 moutons a coûté 8,232 fr.; avant de les livrer à l'abattoir, le marchand en perd 9 ; on demande combien il devra vendre le kil., sachant que chaque mouton pèse en moyenne 36 kilog 425 et qu'il veut gagner 0 fr. 18 par kilog.?

1762. On a acheté une propriété qui renferme 36 hectares 35 de terres labourables à 25 fr. l'are, 96 ares de pré à 7,580 fr. l'hectare; 748 mètres carrés de sol de bâtiments et cour à 500 fr. l'are; combien doit-on payer et quelle est la superficie totale de la propriété ?

1763. Un marchand a acheté 140 mètres de drap à 19 fr. 25 et a été obligé de le conserver en magasin pendant 1 an ; combien doit-il le revendte à cette époque afin gagner 10 pour 100, sachant que son avance aurait pu lui rapporter 5 fr. 50 pour 100 par an

1764. Quel est le prix de 1 douzaine $\frac{1}{2}$ de chemises, en supposant qu'il faut 2 mètre $\frac{5}{6}$ de toile à 0 fr. 75 les $\frac{8}{7}$ de mètre, pour chaque chemise?

1765. Combien un chêne de 7 mètres de long sur 2 mètres 35 de circonférence moyenne contient-il de décistères au cinquième déduit?

1766. Une garnison de 2,2000 hommes n'avait plus de vivres que pour 16 jours, quand elle fait une sortie où elle perd 4,400 hommes; combien pourra-t-elle encore tenir de jours, si elle n'éprouve pas de nouvelles pertes?

1767. Un tonneau de vin contenait 135 litres $\frac{7}{6}$, on en a tiré 98 litres $\frac{5}{6}$; quel est le prix de ce qui reste à raison de 0 fr. 55 le litre;

1768. Un tapis a 15 mètres de long sur 5 mètres $\frac{2}{3}$ de large; on voudrait le doubler avec de l'étoffe à $\frac{8}{9}$ de mètre de largeur; combien en faudra-t-il de mètres?

1769. Un charron achète un hêtre de 9 mètres 35 de long sur 4 mètres 40 de circonférence moyenne, à raison de 4 fr. 15 le décistère; combien doit-il payer si le solivage est au sixième déduit?

1770. Un banquier voudrait payer 1,125 fr. avec un nombre égal de pièces de 5 fr. et de 20 fr.; combien lui faudra-t-il de pièces en tout?

1771. On demande la capacité d'un vase ayant 2 mètres 50 de long, 1 mètre 80 de large et 3 mètres 20 de profondeur?

1772. On emploie, dans une fabrique, 45 ouvriers à 4 fr. 25 par jour, 23 à 3 fr. 75 et 35 enfants à 1 fr. 25; combien faut-il par semaine et par an pour payer tous ces ouvriers?

1773. On a mis dans un tonneau $\frac{5}{9}$ d'hectolitre de vin, puis $\frac{6}{7}$; on en a retiré $\frac{5}{19}$, puis $\frac{5}{8}$; combien en reste-t-il?

1774. Un général, après avoir livré une bataille, trouve que le $\frac{1}{4}$ de ses soldats est mort, $\frac{1}{5}$ a été fait prisonnier, $\frac{1}{6}$ a pris la fuite, en sorte qu'il ne lui reste plus que 27,600 hommes; combien avait-il de soldats en tout?

1775. Un père, donne en mourant, à l'un de ses enfants ⅟₄ lede son héritage et 1,800 fr., au deuxième ⅟₅ de l'héritage et 1,600 fr. et au troisième le ⅟₆ et les 1,384 fr. qui restent ; quelle est la part de chaque enfant et le montant de la succession ?

1776. Un ouvrier gagne 5 fr. 50 chaque jour de travail et dépense 2 fr. 75 ; le dimanche il dépense 3 fr. 25 ; quelle est son économie au bout de 43 semaines ?

1777. Un marchand a acheté 16 pièces d'étoffe contenant chacune 48 mètres pour 13,824 fr. Il a revendu le tout à 23 fr. 50 le mètre ; on demande ce qu'il a gagné en tout et par mètre ?

1778. Une somme de 38,000 fr. a rapporté 1,710 fr. dans un an ; combien rapporteront 24,000 fr. pendant 3 ans au même taux et quel est ce taux ?

1779. On voudrait payer 195 fr. avec 15 pièces de 5 fr. et de 20 fr. ; combien en faudra-t-il de chaque espèce ?

1780. Quel est l'escompte commercial d'une somme de 4,560 fr. payable dans 3 ans 7 mois au taux de 6 pour 100 par an ?

1783. Quel est le nombre dont les ⅚ augmentés de 15 valent 140 fr. ?

1782. On demande le côté d'un carré dont la superficie est de 1,352 ares 25 ?

1783. Un marchand veut mêler du vin à 37 fr. 50 l'hectolitre avec du vin à 20 fr. l'hectolitre, pour le vendre 27 fr. l'hectolitre ; combien doit-il prendre de vin de chaque espèce pour en faire un mélange de 7 hectolitres ?

1784. On demande ce que devient une somme de 2,400 fr. après 5 ans 7 mois, placée à intérêts composés à 4 ½ pour 100 par an ?

1785. S'il a fallu 12 tonneaux contenant chacun 4 hectolitres ¼ pour remplir un foudre ; combien faudra-t-il de tonneaux de 2 hectolitres $\frac{2}{3}$ pour remplir le même foudre ?

1786. Quelle est la contenance d'un baquet de 0 mètre 93 de diamètre au fond, 0 mètre 98 dans le haut sur 0 mètre 46 de profondeur ?

1787. Quel est, en décistères, le volume d'une pièce de bois équarrie de 0 mètre 42 d'une face, 0 mètre 54 de l'autre sur 3 mètres 85 de longueur ?

1688. Quelle est la contenance d'une futaille qui a 0 mètre 62 de diamètre dans les fonds, 0 mètre 68 dans le bouge sur 0 mètre 94 de longueur intérieure?

1789. Combien un arbre dépouillé de son écorce et qui a 2 mètres 08 de circonférence moyenne sur 7 mètres 15 de longueur contient-il de décistères au neuvième déduit ?

1790. Quelle est la contenance d'une ballonge dont l'un des diamètres est 2 mètres 25, l'autre 1 mètre 18 et la profondeur 0 mètre 72 ?

1791. Un tapis a 7 mètres $\frac{1}{2}$ de long sur 5 mètres $\frac{1}{3}$ de large ; on voudrait le doubler avec de la toile à $\frac{4}{9}$ de large ; combien en faudra-t-il de mètres ?

1792. Trois négociants se sont associés et ont fait un bénéfice de 2,375 fr.; le premier avait fourni 1,000 fr. pendant 5 mois, le deuxième 1,500 fr. pendant 15 mois et le troisième 2,000 fr. pendant 10 mois; combien chacun doit-il recevoir du profit?

1793. 45 hectares 30 ares de terre ont coûté 15,402 fr.; quelle est la valeur de 32 ares 32 ?

1794. Un ouvrier qui gagne 5 fr, par jour a travaillé pendant 15 jours 7 heures 30 minutes ; combien doit-il recevoir si sa journée de travail est de 12 heures ?

1795. Un débitant a acheté 57 litres d'eau-de-vie à 1 fr. 35 le litre et 48 litres a 1 fr. 80; il y ajoute 8 litres d'eau et vend le litre du mélange 1 fr. 70; quel est son gain?

1796. On a vendu les $\frac{5}{9}$ d'une pièce d'étoffe et il en reste encore 33 mètres ; combien la pièce contenait-elle de mètres ?

1797. Un jardin qui a 65 mètres de long sur 32 mètres de large doit être échangé contre un terrain carré double en surface ; quel sera le côté de ce carré

1798. On a partagé une certaine somme entre 3 personnes ; la première en a eu la $\frac{1}{2}$, la seconde les $\frac{3}{4}$ du reste et la troisième 85 fr. ; quelle est la somme partagée ?

1799. Pendant 9 jours et 8 heures par jour, 15 ouvriers ont fait un ouvrage de 125 mètres de long et 9 mètres de hauteur ; combien 34 ouvriers pendant 18 jours et 7 heures par jour feront-ils de mètres du même ouvrage ?

1800. Le Prince impérial est né le 16 mars 1856 ; quel sera son âge le 28 octobre 1874.

FIN.

TABLE DES MATIÈRES

FIN DE LA TABLE.

CHAUMONT,
imprimerie et lithographie de Vᵉ MIOT-DADANT.